中国农村居民家庭资产财富效应研究

——普惠金融视角

虞　斌　著

东南大学出版社

·南京·

图书在版编目(CIP)数据

中国农村居民家庭资产财富效应研究:普惠金融视
角/虞斌著. —南京:东南大学出版社,2016.7
ISBN 978-7-5641-6612-0

Ⅰ.①中… Ⅱ.①虞… Ⅲ.①农民—家庭财产—研究
—中国 Ⅳ.①TS976.15

中国版本图书馆 CIP 数据核字(2016)第 155655 号

教育部人文社会科学研究规划基金项目《普惠金融视
角下农村居民家庭资产财富效应测度与增长机制研
究》(项目批准号:11YJA790199)

中国农村居民家庭资产财富效应研究:普惠金融视角

出版发行:东南大学出版社
社　　址:南京四牌楼 2 号　邮编:210096
出 版 人:江建中
网　　址:http://www.seupress.com
经　　销:全国各地新华书店
印　　刷:虎彩印艺股份有限公司
开　　本:700 mm×1 000 mm　1/16
印　　张:11
字　　数:209 千字
版　　次:2016 年 7 月第 1 版
印　　次:2016 年 7 月第 1 次印刷
书　　号:ISBN 978-7-5641-6612-0
定　　价:48.00 元

本社图书若有印装质量问题,请直接与营销部联系。电话:025-83791830

前　言

改革开放以来,中国经济的发展取得了令人瞩目的成就,然而随着各项事业改革的深入推进,中国居民,尤其是农村居民的消费占 GDP 的份额相对萎缩。促进农村居民的消费,是拉动内需、促进国民经济健康发展的重要途径,也是全面建设小康社会的必然要求。以往的消费函数研究集中于居民收入对消费的影响,近年来,从财富效应的角度分析居民消费是学术界研究的热点。

本书的研究旨在从普惠金融的视角,探讨发挥中国农村居民家庭资产财富效应的途径。首先统计了中国农村居民家庭资产和消费的分布特征,对中国普惠金融发展水平的空间差异和时序演化进行了计量分析。然后基于生命周期和永久收入假设建立计量模型,对农村居民家庭的银行储蓄存款、住宅资产、生产性固定资产和人力资本的财富效应进行了测度,并结合行为生命周期假说,利用心理账户实验研究了财富效应对农村居民生存型和发展型消费的影响。针对实证结果,本课题重点从普惠金融视角深入探讨了影响农村居民家庭资产财富效应发挥的主要因素,在此基础上提出了相应的政策建议。

本书是教育部人文社会科学研究规划基金项目(课题名称:《普惠金融视角下农村居民家庭资产财富效应测度与增长机制研究》,项目批准号:11YJA790199)的研究成果。在写作过程中得到了多位同事和学生的帮助,刘晓星教授对本课题的研究构架提出了宝贵的建议,韩勇副教授参与了实证研究,黄晓红老师和卞家涛博士参与了案例研究,硕士生戴文彤参与了农村地区金融抑制的研究,硕士生郑锦波对中国普惠金融发展水平的地区分布特征和时序演化规律做了大量数据分析工作。在此一并致谢!

学术界目前基于普惠金融视角的中国农村居民家庭资产财富效应的研究相对较少,在理论模型、数据分析和对策建议方面,本课题的工作存在很多不足,希望借本书出版的机会,抛砖引玉,就教于各位方家。

目 录

第一章 绪 论

1.1 选题依据

居民家庭消费是 GDP 中最主要的组成部分之一,在国民经济发展过程中的地位举足轻重。财富效应作为影响居民消费的重要因素,近年来在宏观经济管理实践与理论研究中受到越来越多的关注。本课题首先从现实背景和理论意义上阐述财富效应问题的由来。

1.1.1 现实背景

按照帕尔格雷夫经济学大辞典的解释,财富效应最初源于哈伯勒(Haberler,1939)、庇古(Pigou,1943)和帕廷金(Patinkin,1956)倡导的这样一种思想:假如其他条件相同,货币余额的变化,将会在总消费者支出方面引起变动,这样的财富效应常被称作庇古效应或实际余额效应[①]。

经过战后半个多世纪以来世界经济的迅猛发展,居民家庭资产的总量与结构已发生了深刻的变化。能引起居民消费变动的居民家庭资产种类除了各种层次的货币余额,还包括了股票等证券类金融资产、用于经营或居住的不动产和蕴涵于劳动者自身的人力资本等等。基于这样的认识,本课题研究的财富效应是指居民家庭资产价值变动引起消费支出变动的现象。

近年来财富效应问题进入学术研究视野的中心,源于 1990 年代美国经济的繁荣。当时美国的股市和房市交替上升,美国家庭实际净财富增加近 15 万亿美元[②]。与此同时,美国居民家庭人均年消费支出也从 1990 年的 3 836 美元增加到 2000 年

---

① 约翰·伊特维尔等编. 新帕尔格雷夫经济学大辞典[Z]. 北京:经济科学出版社,1996(4):955.

② 朱文晖. 股票市场与财富效应[D]. 上海:复旦大学世界经济系,2004:1.

的 6 830 美元[①]。居民家庭资产增加导致的财富效应问题引发了学术界的热烈讨论。尽管学者们对美国股市和房市财富效应的研究结论不一,但居民资产价值变动与居民消费的关系问题引起了学术界和政策制定者的高度重视。

对中国而言,财富效应问题有其特定的现实背景。首先,尽管中国国民经济在过去 30 多年中不断发展,但是居民消费占 GDP 的比重明显偏低。我国 GDP 中居民消费、投资、政府消费和净出口如表 1—1 所示。

改革开放以来,中国国民经济一直保持着持续较快的增长势头,GDP 连年增加,从 1978 年底到 2014 年底,支出法 GDP 总量从 3 606 亿元增加到 640 697 亿元,扣除物价上涨因素[②],GDP 总量增加到 1978 年底的 6.29 倍,从表 1—1 中可以清楚地看到,尽管国内生产总值连年增长,但居民消费比重却呈下降趋势,其中农村居民消费占比从 30.3% 下降到 8.5%,尽管其中包含城市化因素,但城乡居民消费占比总和从 1978 年底的 48.8% 下降到 2014 年底的 37.9%。

表 1—1 改革开放后中国支出法 GDP 构成

单位:亿元,%

年份	农村居民消费		城镇居民消费		投资		政府消费		商品和服务净出口		GDP 总额
	数值	比重	数值	比重	数值	比重	数值	比重	数值	比重	
1978	1 092	30.3	667	18.5	1 378	38.2	480				3 606
1980	1 411	30.7	920	20.0	1 600	34.8	677	14.7	−15	−0.3	4 593
1982	1 788	32.0	1 115	20.0	1 784	31.9	812	14.5	91	1.6	5 590
1984	2 312	31.4	1 430	19.4	2 515	34.2	1 104	15.0	1	0.0	7 363
1986	3 059	29.1	2 243	21.3	3 942	37.5	1 520	14.5	−255	−2.4	10 509
1988	4 174	27.1	3 694	24.0	5 700	37.0	1 971	12.8	−151	−1.0	15 389
1990	4 683	24.2	4 768	24.6	6 747	34.9	2 640	13.6	510	2.6	19 348
1992	5 834	21.2	7 167	26.0	10 086	36.6	4 203	15.2	276	1.0	27 565
1994	8 875	17.7	12 969	25.8	20 341	40.5	7 398	14.7	634	1.3	50 217
1996	1 3907	18.8	20 049	27.0	28 785	38.9	9 964	13.4	1 459	2.0	74 164
1998	1 4472	16.7	24 757	28.6	31 314	36.2	12 359	14.3	3 629	4.2	86 532

---

① *Economic Report of the President* [R]. Washington: United States Government Printing Office, 2010: 350.

② 根据《中国统计年鉴 2015》附表,以 1978 年为 100,2014 年国内生产总值指数为 2 823.2。

续表 1—1

年份	农村居民消费		城镇居民消费		投资		政府消费		商品和服务净出口		GDP总额
	数值	比重	数值	比重	数值	比重	数值	比重	数值	比重	
2000	15 147	15.3	30 707	31.1	34 843	35.3	15 661	15.9	2 390	2.4	98 749
2002	16 272	13.5	36 300	30.2	45 565	37.9	19 120	15.9	3 094	2.6	120 350
2004	17 551	10.9	46 283	28.9	69 168	43.2	23 199	14.5	4 079	2.5	160 280
2006	21 107	9.5	59 370	26.8	94 402	42.6	30 118	13.6	16 654	7.5	221 651
2008	27 206	8.9	81 186	26.5	133 612	43.5	40 720	13.3	24 135	7.9	306 860
2010	33 610	8.3	112 447	27.7	192 015	47.2	53 451	13.1	15 057	3.7	406 581
2012	45 223	8.5	153 314	28.7	248 390	46.5	73 182	13.7	14 636	2.7	534 745
2014	54 574	8.5	188 353	29.4	293 783	45.9	86 523	13.5	17 463	2.7	640 697

数据来源:《中国统计年鉴2015》。

对照世界其他国家居民消费在 GDP 中的占比,据世界银行公布的数据,用支出法统计的 GDP 四大要素,即消费、投资、政府采购和商品服务净出口四大变量中,2013 年消费占 GDP 比重的世界平均水平为 62%,发达国家为 63%,发展中国家为 59%,美国为 68.5%,日本为 61.1%,印度为 59.2%,而我国为 36%[①]。虽然 GDP 中的消费占比与各国经济发展程度有关,一般认为发达国家较高,而发展中国家较低,但我国 GDP 中居民消费支出占比低于许多经济发展程度明显不如我国的国家,确实能够说明我国居民消费需求的相对萎缩。

经对各时期中国城乡居民消费占比的观察,发现在 1998 年以前,城乡居民消费占比有起有落,但在 1999 年之后,随着由政府主导的中国城镇住房制度、医疗制度和教育制度等各项事业改革的深入推进,国民经济迅速发展,城乡居民消费占比反而呈下降趋势。其中,虽经过多年的城市化进程,农村人口逐步下降,但 2014 年农村人口占全国总人口比重依然高达 45.23%,而农村居民消费只占居民总消费的 22.4%。经济增长过度依赖投资,国内消费需求相对不足的矛盾在加剧。

其次,与消费需求的相对萎缩相对应的,是我国城乡居民家庭资产的不断增加。经过改革开放以来的多年积累,人民生活水平不断提高,中国居民的家庭资产日趋殷实。据国家统计局《中国统计年鉴》发布的数据,从 1978 年末到 2014 年末,城乡居民人民币储蓄存款从 211 亿元增加到 485 261 亿元。1978 年到 2012 年末,城镇人均住

---

① 数据来源为国家统计局网站国际数据栏目,网址:http://www.stats.gov.cn/tjsj/ndsj/2015/indexch.htm.

宅建筑面积从 7.6 平方米增加到 32.9 平方米,农村居民人均住房面积从 8.1 平方米增加到 37.1 平方米。作为影响消费函数的最重要的变量之一,居民家庭资产的边际消费倾向值得关注,农村居民家庭资产增量引致的消费增加乃至对国民经济增长的贡献,理应成为政府制定政策时所应参考的重要依据。

1.1.2 理论意义

促进居民消费的政策制定离不开对消费函数的分析。基于 LC-PIH 理论,消费函数的主要变量是居民家庭的财富存量和当期可支配收入,其中由于财富存量的变化引起的消费变动就是本书研究的主要议题。财富效应是消费函数理论的重要组成部分,居民家庭资产的存量与流量的变化规律是影响居民消费最重要的因素之一。

在我国现有的相关研究中,财富效应研究多偏向于城镇居民,其研究的视野,多集中于宏观层面的时间序列分析,在研究对象上,多集中于股票和住房资产。本课题试图从财富效应的理论分析出发,把中国农村居民家庭作为代表性消费者,贴近微观层面,在不同形式、不同人群和不同国别居民家庭资产的比较研究中,分析财富效应的生成机理、传导机制和主要影响因素。在此基础上,重点从普惠金融视角探讨适合中国国情的发挥农村居民家庭资产财富效应,增加农村居民最终消费,促进国民经济发展的政策措施。这一工作具有重要的理论意义。

1.1.3 应用价值

增加居民消费,促进国民经济又好又快发展,是践行科学发展观,构建和谐社会的题中应有之义。研究消费函数理论在中国的具体应用,分析财富效应发挥的内在机理,探讨影响中国居民家庭资产财富效应发挥的因素,有助于为制定促进居民消费的政策提供参考依据。

千百年来"手中有粮,心中不慌"是民众心理的真实写照,意味着最基本的物质需求有了保障之后,人民方可从容应对生活。改革开放进入 21 世纪,我国绝大多数居民早已解决了温饱问题,正在全面建设小康社会,居民可支配收入和家庭资产日益增多,何以居民消费比重不升反降? 随着我国经济社会各项事业改革的不断推进,居民面对的不确定因素逐渐增多,例如产业结构调整引起的失业问题,社会保障体系建立并完善之前,中国居民长期面临的医疗、养老问题等等,都构成了决定居民家庭跨时期预算约束与消费函数变动的重要影响因子。以财富效应为题,从普惠金融视角探讨中国农村居民家庭面临的各种不确定因素对其消费支出的影响,无疑具有较高的应用价值。

1.2 国内外相关研究综述

关于居民家庭资产的财富效应,国内外学者已经进行了多年研究,取得了比较丰富的学术成果。在展开本课题的研究之前,有必要对其进行系统的梳理,以便跟踪前沿动态,把握研究方向,在前人研究的基础上,进一步分析财富效应的形成机理,描绘财富效应的表现特征,发掘居民消费的影响因素,探寻增加居民消费的有效途径。经过整理分析,国内外相关研究成果主要包括以下诸方面。

1.2.1 关于家庭资产的统计研究

(1) 美国官方的调查研究

关于居民家庭资产的研究,发达国家积累了丰富的经验。美国联邦储备委员会自 1962 年以来,每隔三年即委托芝加哥大学 National Opinion Research Center(全国民意研究中心)进行消费者金融调查(Survey of Consumer Finances)。调查报告由美联储以联邦储备公告(Federal Reserve Bulletin)的形式发布。

该报告按收入高低、年龄、户主教育程度、种族、当前工作状况(就业、自主开业、退休、未工作)、地区、住房状况(自有或承租)等,在样本人群中分组研究收入和净资产状况。

其中净资产指家庭资产减去负债。家庭资产由金融资产与非金融资产构成。金融资产包括交易账户、存单、企业债券、公债、股票、投资基金、退休账户和人寿保险等。其中股票被细分为家庭直接或间接持有。

非金融资产包括汽车、主要居住房屋、其他居住房屋、非居住房地产、经营性资产和其他非金融资产(艺术品、珠宝、贵金属和其他收藏品)。

负债包括住房抵押贷款余额、分期付款贷款余额、信用卡未清偿债务余额等。报告还列出了各类家庭的债务负担比率(年均还债额/年均收入)。

(2) 中国官方的调查研究

与发达国家相比,我国对居民家庭资产状况的研究无论在深度还是广度上都有一定差距,但是近年来也取得了较大进展。

国家统计局城调总队于 1992、1997 和 2003 年先后三次发布了《中国城市居民家庭财产调查报告》,对中国城市居民家庭财产的总量和结构进行了较为详尽的描述。其中 2003 年的报告内容有:

从总量上看,大中小城市之间居民家庭财产差异明显,大城市居民户均财产接近小城市居民的两倍,其财产差异的主要原因是级差地租导致的房产价值的差异;户主年龄在 35～40 岁之间的居民家庭财产最多,户主年龄在 70 岁以上的家庭财产最少;

户主文化程度越高,受教育年限越长,其家庭财产越多;户主职业不同,家庭财产总量差异明显,股份企业负责人和私营企业经营者家庭财产最多;有经营活动的家庭财产明显高于无经营活动者,前者是后者的3.7倍。

从结构方面分析,结论为城市居民现有房产价值占家庭资产比例最大,达47.9%,其次为金融资产,占家庭财产的34.9%,再次为经营资产,占12.2%,最后是耐用消费品,占家庭财产比例为5%;财产在100万元以上的家庭,其资产结构明显异于其他家庭,金融资产和经营资产比例明显高于平均水平,房产比重明显低于平均水平;10%的富裕家庭占城市居民全部财产的45%,城市居民家庭财产的基尼系数为0.51,远高于城市居民收入的基尼系数0.32。

中国人民银行统计司赵春萍(2007)分析了2005年中国居民金融资产状况。在描述了居民存款、手持现金、手持证券和居民保险准备金等各种形式金融资产占比的基础上,以占金融资产总量72%的储蓄存款为例,研究了我国居民金融资产的城乡和地区分布,探讨了引起我国居民金融资产快速增长的主要因素,重点剖析了当前收入分配对居民金融资产的影响,在此基础上提出了若干政策建议。

(3)学术界对我国居民家庭资产状况的研究

除了官方机构的工作,学术界对我国居民家庭资产的研究近年来也不断取得进展。他们对中国居民家庭资产的总量、结构、分布、影响因素和统计方法进行了多方面的分析与探讨。

连建辉(1998)认为,居民资产应由人力资产和非人力资产两大类组成。其中,非人力资产又包括金融资产和实物资产。金融资产有手持现金、储蓄存款、各种有价证券和保险等多种形式;实物资产则主要体现为住宅和耐用消费品;人力资产是凝结在人体中的知识、体力和技能的总和,主要包括用于教育、保健、劳动力再培训与国内外流动等方面的投资。该作者对城镇居民各类资产统计的处理方法为:金融资产根据《中国统计年鉴》和《中国金融年鉴》1990～1996年各卷整理得出;实物资产中的"住宅资产"以1977年城镇居民住宅投资历年累积额为基数,按2.5%的年折旧率和以后各年度的增量估算;"耐用消费品存量"以1980年耐用消费品存量价值为基数,按上一年存量额10%折旧率折旧后,再加上当年耐用消费品增量,为当年耐用消费品存量;人力资产方面作者对其进行了简化处理,根据国家统计局公布的城镇居民家庭消费支出项目,把人力资产近似等同于城镇居民在医疗保健和教育文化娱乐服务这两项支出上的总和,以1985年为基数,再加上当年增量,为当年人力资产的存量。

臧旭恒(2002)在其主持的国家社科基金项目《居民资产与消费选择行为》中,对我国居民资产状况进行了存量、增量与结构分析,研究了居民资产基本状况、影响居民资产选择行为的因素、城乡居民资产选择行为的差异、资产选择行为中存在的问题、成因及合理化途径等。

樊纲、姚枝仲(2002)对截至 2000 年的全国资本、城乡居民个人资本的总量、结构进行了估计,其研究结论均表明,我国资本分布格局已发生重大变化,居民资本已超过国有和集体资本之和,成为全社会资本总额的主要组成部分。居民实物资本中,以自有住房为主,生产性资本只占极少比例。居民资产总额中比例最大者为自有住房,其次为银行储蓄存款。

中国社会科学院刘建昌(2004)采用金融债务比率法,即家庭债务余额/家庭可支配收入的百分比,根据各地统计局公布的城镇居民人均可支配收入、城镇人口、个人消费信贷余额计算了上海、北京、天津、深圳、宁波、杭州等城市的家庭债务比例,发现这些城市居民整体家庭债务比例已经接近或超过 100%,尤其是上海高达 155%,已经超过美国等发达国家居民的家庭债务比例。北京仅次于上海,家庭债务比例达到122%,青岛、杭州、深圳、宁波等城市家庭债务比例分别达到 95%、91%、85%、79%、天津最低,为 44%。与之相比,美国和英国 2003 年的家庭债务比率分别为 115%和 140%。

李实、魏众、丁赛(2005)还发现,中国居民的财产分布差距出现了快速而且明显扩大的趋势,这一扩大的趋势主要来自城乡之间差距的急剧拉大。其中,城镇公有住房的私有化过程既造成了城镇财产差距的缩小,同时又扩大了城乡之间乃至全国财产的收入差距;而随着土地收益的下降,土地价值在农村居民财产总值中相对份额降低,造成其原本具有的缩小全国财产差距的作用减弱。另外,他们还认为,居民的金融资产对总财产分布不平等的推动作用将会进一步增强。

于蓉(2006)界定了我国居民金融资产概念的内涵和外延,回顾了我国居民金融资产总量和结构的历史演进过程,分析了现状及存在的问题,通过调查问卷的方式,对中国大中城市居民家庭的资产组合进行了深入分析。

孙元欣(2006)在其国家自然科学基金项目《我国家庭资产统计与统计管理》(70673057)的阶段成果中,分析了美国家庭资产的变动趋势与统计方法。结论为:美国家庭资产结构呈"低风险、低储备"状态,寿险和养老金比例明显上升,储蓄存款明显下降,反映了美国成熟经济社会和高消费生活习惯的特征,影响美国家庭资产增量的主要因素是持有资产收益,美国家庭资产统计方法较为完整和有效。在此基础上,该作者分析了我国居民家庭资产统计的现状并指出了主要问题,如家底不清、内容不完整、统计管理不协调和数据采集方法单一等。基于美国家庭资产统计的模式,给出了我国居民家庭资产的统计框架构想。

李实、罗楚亮(2007)以中国社科院经济所收入分配课题组 1995 年与 2002 年的城镇住户调查数据为基础,探讨了我国城镇居民房产价值与居民收入、财产分布之间的关系。研究结论表明在城镇居民财产构成中,房产价值相对份额与集中率都比较高。在此期间房产价值的集中率都高于总财产净值的基尼系数,房产价值向高收入人群的集中扩大了总财产净额的不均等程度。

中国社会科学院经济研究所研究员赵人伟(2007)根据中国社会科学院经济研究所收入分配课题组 1988、1995 和 2002 年家庭调查数据,参照国家统计局城市社会经济调查总队城市居民家庭财产的有关调查研究成果,对农村、城市和全国居民个人财产的分配状况进行了比较分析。

该项研究将农村居民的财产分为六项,即土地、房产、金融资产、生产性固定资产、耐用消费品和非住房债务。其中,房产是按房产总值扣除购房尚未偿还的债务之后的价值计算的,即房产净值。非住房债务是指住房债务以外的一切其它债务。城镇居民的财产可以分为六项,即房产、金融资产、生产性固定资产、耐用消费品、其它资产和非住房债务。同农村一样,房产是按净值计算的,房产总值中扣除购房的未偿还债务即为房产净值。总债务减去未偿还的住房债务即为非住房债务。该作者用十等分组法、基尼系数和集中率等指标分别研究了城镇和农村居民的财产分布状况,并对两者进行了比较分析,在此基础上提出了相应的政策建议。

洪凯等(2008)从实证的角度,研究了 20 世纪 90 年代以来全国各地区农户金融资产的总量、结构与增长状况,以及农户金融资产增长与农村 GDP、非农产业增加值占农村 GDP 的比例、农户纯收入增长、农户现金收入增长、农户生活消费支出增长、农户固定资产投资增长、农民生活消费价格指数等因素的关系。

邹红、喻开志(2009)基于中国六个城市 1170 个家庭的入户调查数据,从职业、生命周期、收入和区域等维度,调查了城镇居民金融资产的选择行为变化。

雷晓燕、周月刚(2010)基于中国健康与养老数据,分城镇与农村两个样本,把人口统计学变量、经济学变量和健康变量作为解释变量,把居民资产分为低风险资产、无风险资产和风险资产作为被解释变量,发现健康状况对城镇居民资产选择行为影响显著,健康状况恶化会促使其将资产向低风险和无风险资产转移。

张海云(2012)基于中国家庭面临的不确定性,结合金融市场的发展,在对比了美日欧等发达经济体家庭金融资产选择行为的规律之后,深入分析了中国居民家庭金融资产选择行为的特征及其后果。

西南财经大学于 2010 年成立了公益性学术调查机构,即中国家庭金融调查与研究中心(CHFS),建立了涵盖全国各地区的代表性家庭的金融数据库。旨在通过现代调查技术和管理手段,在全国范围搜集家庭金融资产相关信息,其最新发布的《2015 中国家庭金融调查报告》内容包括居民收入和支出、住宅资产和金融资产、负债约束、商业保险和社会保障、代际转移支付、人口特征和就业情况、支付习惯等。

北京大学国家发展研究院主持的中国健康与养老追踪调查(CHARLS)项目于 2011、2013、2014 和 2015 年分别在全国 28 个省市自治区开展调查,其问卷内容除了居民医疗健康方面的信息,还包括居民收入、消费和家庭资产情况。

1.2.2 关于财富效应原理的研究

国内外学者对财富效应的原理,即其生成机理和传导机制的阐述较为系统深入。

根据《新帕尔格雷夫经济学大辞典》,财富效应是由哈伯勒(Haberler)、庇古(Pigou)和帕廷金(Patinkin)倡导的一种思想,他们认为假如其他条件相同,货币余额的变化将在消费者总支出方面引起变动。随着研究的深入,财富概念的外延不断扩大,不仅货币余额,股票、债券等金融资产以及房地产等非金融资产也进入了研究者的视野。

关于财富效应生成机理的经典理论最初是 Modigliani 和 Brumberg(1954)首次提出的生命周期模型,按照这一模型,个人消费计划同其一生各个阶段的当期收入和未来预期收入之间有确定的关系。个人的消费行为除了受当前收入的影响,还取决于一生的财富。家庭财富来自各期收入的消费结余,一般由金融资产和非金融资产两部分组成,资产价格的上升,增加了家庭的财富,家庭可以将部分资产出售或者以此作为抵押,获得更多的现金流,从而引致家庭消费的增加。

Friedman(1957)的永久收入理论把消费与永久收入联系在一起。认为消费者在某一时期的收入等于暂时性收入与永久性收入之和,某一时期的消费也分为暂时性消费与长期性消费。其中暂时性收入与各种消费之间无函数关系,只有永久性收入与持久消费之间有固定比率。按照这一理论,资产价格的短期剧烈变动,并不能明显地影响消费。只有当人们感觉资产价格的上升是可持续的长久趋势时,才会增加自己的消费。

卢嘉瑞、朱亚杰(2006)认为股票市场财富效应的传导渠道主要有三种:第一,股票财富增加,意味着持股者可支配收入增加,就有可能扩大即期消费。就这一渠道而言,股市财富效应的大小主要受一国股市规模与参与者分布的影响。第二,股票财富增加,能够提高居民的收入预期和边际消费倾向从而扩大消费需求。股市的状况往往被视为一国经济发展状况的晴雨表,持续的牛市伴随良好的宏观经济基本面,将使居民和企业的消费与投资信心增强,形成股市与宏观经济的良性互动。第三,股市繁荣增强了上市公司的融资与投资能力,有利于经营状况的改善,其员工收入会因此而增加,员工消费也会随之扩大。

李明扬、唐建伟(2007)对发达国家资产价格波动的财富效应及其传导机制进行了较为细致的分析。他们认为,股票市场财富效应的实现机制包括:

已兑现的财富效应。如果消费者所持有的股票价格上涨,而且消费者通过出售股票获得了他们的收益,那么他们就可能利用这种兑现了的收入增加消费支出。

未兑现的财富效应。股票价格上涨还可能有一种预期效应。当股票价值是以养老基金账户或其他的"锁定"(Locked-in)类型账户出现,股票价格的上涨并不能够马上兑现时,当期消费的增长是通过未来收入和财富会更高的预期来实现的。

流动性约束效应。股票上涨提高了消费者持有的资产组合的价值,利用这一升值的资产组合作为抵押可以获得更多的信贷支持,从而可以为消费的增加提供融资。

股票期权效应。股票价格上涨,家庭持有的股票期权的价值上升,变得更富有的期权所有者可能就会增加当期消费。而且这种消费的增加不管期权收益有没有兑现都是可能发生的。

股票影响消费的最后一条渠道就是那些没有参与股票市场投资的家庭也可能被股票市场价格的变化所间接影响。

与此对应,房地产价格变化对消费的影响也有五条不同的传导渠道,但这些渠道与股票财富的传导渠道有所不同:

兑现的财富效应。对于拥有房地产的消费者来说,如果房价上涨后可以通过再融资方式或出售房地产的形式来兑现资本收益,那么这种收益必定对家庭消费会有促进作用。

未兑现的财富效应。如果房地产价格上涨,但持有人并没有进行再融资或出售房产,这种没有兑现的财富仍可能促进消费,原因是它提高了财富的贴现价值。因此消费者在预期他们比以前"更富有"时就会增加当期消费。

预算约束效应。对于租房者来说,房地产价格的上涨对他们的个人消费就有负的财富效应。因为随着房地产价格上涨,承租人应付房租就会增加,这会使他们的预算变得更紧,因此必定会导致个人消费的下降。

流动性约束效应。金融体系运转情况也可能是房地产价格变化影响消费的一个重要因素。如果房地产价格上涨,消费者就可能需要进入信贷市场寻求信贷支持来应付上涨了的房价。如果信贷市场受到抑制,居民家庭就可能难以应付更高的房价从而挤占消费。

替代效应。房地产价格上涨可能减少那些计划购买住房的家庭的消费。因为在面临上涨了的房地产价格时,这些家庭要么只能购买一套更小的住房,要么就必须依靠减少当期消费来应付。

刘林川(2013)借助生命周期—持久收入(LC-PIH)模型对资产价格财富效应的具体传导渠道进行了系统阐述,认为资产价格主要通过预算约束效应、实际收入效应、预期收入效应和替代效应四种途径影响居民消费。在此基础上分阶段对我国资产价格财富效应进行了实证检验。

苏宝通(2014)从预算约束、流动约束、替代效应和信心效应等方面,分析了房地产财富效应的生成机理与传导机制。

吕立新、王晶晶(2015)认为股票市场通过三个渠道发挥促进居民消费的财富效应:一是通过影响居民实际收入以扩大消费;二是通过影响居民收入预期来扩大消费;三是通过改善或恶化供给方上市公司的业绩而增加或减少消费支出。

1.2.3 对单一形式资产财富效应的检验

根据 Modigliani 和 Tarantelli(1975)以及 Steindel(1977)等的消费行为理论,财富效应可通过以下方程进行估计:

$$C = a + bW + cYP + e \qquad\qquad (1—1)$$

其中,C 表示一定时期内的消费者支出,YP 表示永久性收入,W 表示消费者的财富,e 是误差项,表示其它可能影响消费而又未被列为解释变量的因素。a 为截距,b、c 为系数。财富 W 的系数 b 即财富的消费边际倾向,其数值的符号和大小即表示财富效应的方向和大小。研究者通常将财富分为不同的类别,例如金融资产、房地产等等,分析每种资产不同的边际消费倾向一直是近年来财富效应研究的重点。

(1) 对股票资产财富效应的检验

长期以来,国外学者们对股市与经济增长之间的相关性意见不一。如 James M Poterba(2000)认为,股价波动与实体经济活动之间有较强的正相关关系。Aylward 和 Glen(2002)对 1951 年~1993 年期间 23 个国家的数据进行的计量研究也表明股市和宏观经济之间存在正向关系。而另一些学者意见不同,如 Richard Harris(1997)强调股市对经济增长的影响并不显著;Colin Mayer(1998)认为,股市对整个经济来说无关紧要。

与以上争论相比,对股市财富效应的争论更为激烈。

正方观点认为股市影响消费的财富效应是存在的。Romer(1990)和 Zandi(1999)认为股票市场的发展增强了消费者信心,并且由于市场的示范性,财富效应对不持有股票的家庭也有影响。Ludvigson 和 Steindel(1999)证明了股市对消费的传导机制,肯定了股市与消费之间有较强的正相关。Case(2005)对 14 个国家 25 年的数据进行的实证检验也表明股市的财富效应是存在的。他们的研究多从家庭财富结构入手,将股市波动与消费信心、商品销售额波动联系起来进行计量检验,从而分析股市的财富效应。

反方观点认为,股市财富效应是不存在的,即使存在,也极其有限。Michael Niemira(1997)对美国股市财富效应进行了经验检验,否定了美国股市财富效应的存在。斯蒂格里茨(2000)认为,1987 年美国股市的崩溃,并未导致美国消费的急剧下降。Martha Starr-McCluer(2002)运用密歇根大学的消费者调查数据,发现有 85% 的被调查对象认为,过去十年内他们的消费和储蓄行为未受股市影响。

国内学者近年来对中国股市财富效应的研究也取得了相当大的进展。但是对于股市财富效应是否存在,他们的观点不尽相同。

基于中国股市规模、投资者分布面窄和居民对未来预期的不确定等原因,李学峰、徐辉(2003)、骆祚炎(2004)、郭峰、冉茂盛、胡媛媛(2005)、段进、曾令华、朱静平(2005)、马辉、陈守东(2006)、曹大宇(2006)认为中国股市财富效应微弱。余明桂、夏新平、汪宜霞(2003)、刘鸽(2006)认为我国股票市场不存在财富效应。

杨新松(2006)以 1994～2004 年的季度数据,运用基于 VAR 模型的协整检验、Granger 因果关系检验、ECM 方法研究股市财富效应,得出的结论是:我国股票市场总体上存在财富效应,但在某些时段表现为股市投资对消费的替代效应;通过股票市场刺激消费的做法短期可行,长期并不可取。

宋威(2006)将 1993～2004 年的中国股市分为两个阶段进行实证检验,认为中国股市财富效应为 S 型,即股价上升时,正财富效应存在且呈边际递减,股价下降时负财富效应存在且呈边际递增。作者运用行为金融学理论对此进行了解释。

针对国内研究者对股市财富效应存在与否的争论,胡永刚、郭长林(2012)在消费者最优选择模型基础上,引入居民的借贷约束和预防性储蓄建立了新的财富效应分析框架,分为信号传递效应和不对称效应,利用中国的季度数据考察中国股市变动对居民消费的影响,其研究结果表明:如果考虑信号传递效应,则中国股票市场对城镇居民消费存在着较为明显的财富效应。如果用工资代替人均可支配收入度量人力资本回报,中国股票市场存在正的财富效应,且这种财富效应具有明显的不对称性:反映经济基本面变化的股价变动对中国居民消费具有长期影响,而投机因素引起的股价变动对中国居民消费的影响不显著。

（2）对房地产财富效应的检验

Janine Aron,John Muellbauer 和 Anthony Murphy(2006)在提交给国际货币基金的报告中,对英国 1972～2005 年的统计数据进行了实证检验,发现在给定收入、股票资产、利率、失业率等变量的情况下,居民住宅资产对消费有着明显的、长期的财富效应。他们认为这主要是通过信用渠道(credit channel)实现的,即居民可以住宅资产进行抵押以获得消费信贷。

麻省理工学院国家经济研究局(National Bureau of Economic Research)John 和 Campbell 等(2007)用英国的数据,研究家庭消费对住宅价格的反应。研究表明大龄组财富效应最大,而租房居住的年轻人样本组财富效应最小。此外,他们还发现地区性的住宅价格波动影响地区性消费。可预测的住宅价格波动与可预测的消费相关,尤其是对易受到借贷约束的家庭而言更是如此。

约翰霍普金斯大学的 Carroll Christopher 等(2006)鉴于协整方法在理论和实证上的局限性,用消费增长惰性(sluggishness of consumption growth)来区分长期和短期财富效应。基于美国的数据,发现住宅资产每上涨一美元,对消费的短期财富效应为 2 美分,而长期财富效应为 9 美分。

国内学者对房地产财富效应也进行了有益的探讨。

　　洪涛(2006)对中国 31 个省、市、区 2000～2004 年的面板数据进行了实证检验,结果显示商品房屋平均销售价格上涨降低了个人消费支出。进一步的分析表明,中国房地产价格波动与个人消费支出之间的负相关关系,主要源自于住宅价格对消费的反向影响超过了商业地产和办公楼的财富效应。为解释这个现象,该作者针对不同类型房地产的差异进行了理论分析,认为对于以居住为目的的首次购房者来说,住宅是一种准吉芬商品,其价格上涨必然挤占对其他商品的需求。中国由于住宅产业正处于产业升级阶段,这种准吉芬商品特性发挥了压倒性的作用,从而在总体上房地产价格波动与消费增长之间体现出负相关关系。

　　邬丽萍(2006)从财富效应的视角分析房地产价格上涨对国民经济的影响,认为房地产财富效应可能改变居民的消费支出总量与结构,进而影响社会总需求并最终影响宏观经济增长;房地产价格上涨的财富效应还加大了居民收入差距,是造成贫富悬殊的重要因素,最终将对宏观经济增长产生负面影响。

　　朱新玲、黎鹏(2006)以我国 35 个大中城市 2000 年一季度～2005 年一季度房地产价格指数和城镇居民可支配收入对社会消费品零售总额进行了回归分析,应用格兰杰因果关系检验和协整分析方法,对我国房地产市场的财富效应作了实证分析。实证结果表明,我国房地产市场不具有财富效应。

　　张存涛(2006)考察了 1987～2005 年中国房地产市场数据,实证结果表明房地产对中国居民消费的影响是负的,从长期看,挤出效应相当明显,高达-0.44,从短期看,房地产价格每上升 1%,消费下降 0.226%。

　　石弘(2007)以 2001～2006 中国景气月报的季度数据为基础进行实证分析,研究结果表明,短期内房地产财富效应为负,长期看为正效应。

　　陆勇(2007)利用香港比较完整的房价、消费和薪金数据,运用误差修正模型分析了房价与消费之间的关系。实证结果反映了香港地区 1982 年～2006 年消费与房地产价格之间的长期均衡及短期动态关系,同时也为内地房地产的健康发展提供了一些启示。

　　高春亮、周晓艳(2007)以 2001～2004 年我国 34 个城市为样本,使用面板误差修正模型,估计住宅财富的边际消费倾向,检验我国人均住宅财富与消费支出之间的关系,结果表明该边际消费倾向为-0.033。

　　骆祚炎(2007)以 1985～2004 年中国城镇居民不变价格数据,使用多方程向量自回归 VAR 模型,从三个方面验证了房地产财富效应,结论为房地产财富效应微弱甚至可能为负。

　　姚树洁、戴颖杰(2012)以 1997～2010 年我国 31 个省市的房地产价格和居民消费等作为研究样本,利用标准理论模型和拓展理论模型建立房地产资产财富效应的动态面板模型,采用系统 GMM 估计方法测度了中国房地产资产的财富效应。结果表明,我国房地产资产价格与居民消费之间存在正相关的关系,即房地产资产具有财富效应,但是中部和东部的财富效应高于西部地区,但是随着经济的发展和居民收入水平的提高,房地产财富效应呈减弱趋势。

颜色、朱国钟(2013)建立了一个基于生命周期的动态模型,综合了人口年龄结构、市场摩擦、收入和房价预期等因素。通过对模型进行数值模拟,发现如果房价能够永久增长,则家庭资产增值会促进国民消费的增长,即"财富效应"。如果房价上涨无法永久持续,家庭为了购房和偿还贷款压缩消费,从而形成"房奴效应"。

陈峰等(2013)建立了一个关于消费的自回归分布滞后模型,利用中国 31 个省市自治区中高收入家庭分层截面面板数据,采用动态广义矩估计方法,分析了住房市场独立决策的中等及以上收入家庭的住房财富效应及其结构性差异。

樊颖、张晓莹和杨赞(2015)以老龄消费和住房财富效应之间的关系作为切入点,利用 2002~2009 中国城镇调查微观数据,探讨了老年消费行为的影响因素及突出特点,老年住户财富效应及其异质性。实证结果发现,由于住房的遗产用途和保险品属性得到强化,住房财富的增值对中国老年住户消费的影响并不显著。

王子龙、许箫迪(2015)的实证表明城镇居民住房资产财富效应呈现明显的区域结构差异,经济发达的沿海地区城镇居民住房资产财富效应相对比较显著,而经济发展水平相对较低的西部地区和东北地区城镇居民住房资产财富效应并不显著。认为这是由于房地产市场发展程度、住房自有率高低、金融市场自由化程度、房地产市场投机程度以及人们对待房地产财富的观念等方面的差异所导致。

(3) 对其他资产财富效应的检验

目前国内外对财富效应的研究,多集中于股票与房地产。对其他形式资产的财富效应着力较少。

郭宏宇、吕风勇(2006)认为居民可能将国债作为金融财富,也可能将国债对应着未来的税收。国债对消费的影响,取决于国债在居民的预算约束中是作为财富还是作为预期的未来税收而存在。若居民更多地将国债作为一种金融财富而不是未来税收,则国债促进消费增长并带动经济增长;反之,则形成"李嘉图等价效应"所描述的金融挤出效应。通过对 1985~2002 年的数据进行回归,他们发现我国国债呈现出较强的财富效应。但是,这一财富效应却是与国债存量相关的。若公众的信心发生变化,消费需求将迅速下降。这就要求国债政策的淡出只能是渐进的,以避免对居民消费造成较大的冲击。

David Blake(2010)以 1950~1999 年英国数据样本,分析了年金资产(pension asset)如何影响居民的资产组合、储蓄与消费。研究表明战后居民个人年金资产在总资产中的比例在上升。他们认为部分原因是居民将年金资产代替了一部分其他形式的资产。但是更重要的原因与财富效应有关:随着居民日渐富裕,他们将日益增长的财富投资于年金。而国家年金的增长使得居民减少了私人年金的储蓄,从而鼓励了人们在在职期间的消费。

1.2.4 财富效应的比较研究

财富效应的比较研究包括不同类别资产财富效应的比较、不同人群财富效应的比较和财富效应的国别比较等等,现有的研究偏重于不同类别资产的财富效应比较。

Lise Pichette 等(2004)研究了 1995~2000 年之间加拿大股票与房地产财富效应,发现加拿大居民消费对股市反应很小而对房地产财富的变化敏感得多。该作者将这种区别归结为两个原因:股票资产价格变化与房地产相比更加具有暂时性,并且居民在其资产组合中持有股票较少。因为资产变化直接影响总需求,所以中央银行在制定政策时必须对此加以考虑。

Jonh D. Benjamin 和 Peter Chinloy(2004)以美国 1952~2001 年之间的季度数据为基础,对比了居民家庭房地产和金融资产财富效应。房地产分为主要居所(Principal Residence)、度假屋(Vacation Homes)和出租屋(Rental Property),金融资产分为流动性存款(Liquid Deposits)、股票、债券和共同基金。他们的研究包含了两个实证:1990 年代储蓄率下降时期,以及 2000 年以后经济繁荣到股票收益率急剧下降时期。他们的实证结果表明,扣除房贷之后的房地产财富每上升 1 美元,消费增加 8 美分,而股票债券等金融资产每增加一美元,消费增加 2 美分,房地产的财富效应是金融资产的 4 倍。他们还发现美国家庭储蓄率的下降一半来自于房地产和金融资产财富的上升。2000~2001 年美国股市下滑引起的消费下降,被其同时期房地产市场的上升所抵消。房地产在其他资产市场运行不良时,平滑和稳定了消费。

Raphael Bostic 等(2005)运用 1989~2001 年间美国消费者财务调查微观数据,研究了美国居民房地产和金融资产的财富效应。检验结果表明,居民住宅资产的财富效应大于金融资产财富效应,消费支出对住宅资产的弹性为 0.06,而对金融资产的弹性为 0.02。除此之外,该研究还运用微观数据,比较了耐用与非耐用消费品消费,房地产与金融资产的总资产与净资产财富效应,以及信用约束与非信用约束家庭的金融资产与房地产财富效应等。

Eva Sierminska 和 Yelena Takhtamanova(2007)认为,区分股票和房地产的财富效应是有意义的,因为各种资产的特性可能对消费者的边际消费倾向有不同的影响。比如,如果资产流动性更大,则消费对其资产波动的反应就更大。同样,如果资产价值更易于测量,如果消费者认为某种资产更容易用来支持他们目前的消费,或他们认为当前的资产价值波动更像永久性波动,则财富效应更大。鉴于这些特性,房地产是否应该比金融资产具有更大的财富效应,就不是显而易见的了。比如,金融资产比房地产更具有流动性,更易于跟踪,更适于用以支持当前消费,但另一方面,房地产价值的波动,被视为更加持久(Lise Pichette 2004)。此外,这两种资产的财富效应还有赖于它们在经济体内的分布。更重要的,按照生命周期理论,财富的边际消费倾向随着年龄的增大而增加。这对老龄人口比例日益增大的国家尤其重要。她们以加拿大、芬兰和意大利1998~2006年的数据进行研究,结论为:对于房主而言,房地产财富效应要大于金融资产财富效应,财富效应的大小与年龄正相关。

国内已有学者对房地产与金融资产的财富效应进行了对比研究并取得了一定的进展。

李玉山和李小嘉(2006)以1990~2003年中国居民消费、可支配收入、股票市值和人均住房资产数据,运用误差修正模型,对上述变量进行了协整关系检验。实证结果表明,居民消费的长期财富效应,主要来自于房地产,而股票资产的长期财富效应不明显。短时期内,住房资产财富效应为负,长期为正。

魏锋(2007)通过扩展的Modigliani生命周期假说模型,利用我国股票市场与房地产市场的数据,运用单整与协整检验方法及误差修正模型,对股票市场和房地产市场的财富效应进行了实证研究。研究结果表明,无论从长期还是短期来看,流通股市值是影响消费支出的最主要因素。

骆祚炎(2007)以广东省数据为例,通过实证分析认为,金融资产财富效应大于住房资产财富效应。两种资产的财富效应都比较微弱。

赵晓力等(2007)基于资产财富效应理论研究了我国资产价格变化对居民消费的影响。研究表明:股票市场和房地产市场都表现出了一定的财富效应,房地产市场的财富效应远大于股票市场的财富效应,资产财富效应随着经济的发展逐渐增强。同时发现国民收入和社会消费存在互动效应,房地产市场的发展会促进国民经济的发展,股市对国民经济发展的促进作用有限。

李涛、陈斌开(2014)基于详实的微观数据,比较了家庭生产性固定资产和非生产性住房资产对居民消费的影响,细致考察了家庭资产对居民消费的"资产效应"和"财富效应"。研究发现,家庭住房资产只存在微弱的"资产效应",而不存在"财富效应"。相反,家庭生产性固定资产具有明显的"资产效应"和"财富效应",同时,其"财富效应"主要体现在自我雇佣的家庭中,主要作用机制是降低了家庭预防性储蓄动机并缓解了家庭流动性约束。本书的政策含义在于引导资金投入生产性部门、发展房地产金融并积极推动金融市场改革。

1.2.5 关于财富效应影响因素的研究

关于资产财富效应影响因素问题的研究,目前发现的国内外专门研究的文献较少。

刘建江(2002)从美国的经验分析我国股市财富效应时指出,制约我国股市发挥财富效应的因素主要有三个：首先是股市规模因素，包括上市公司市价总值的大小和参与股票投资的居民比重的高低，其次为股票投资不确定的天然属性，再次是股票市场的挤占效应，即吸引居民储蓄进入股市而非用于消费的效应制约了财富效应的发挥。

谢明华、叶志均(2005)从居民消费者和股票市场两个角度分析了我国股票市场财富效应的影响因素。从居民消费者角度，他们认为居民股票资产占负债的比重、股票财富的构成、股票财富收入的构成、股票持有者的结构、居民财富积累阶段将会影响股票财富效应的发挥。从股票市场角度分析，他们认为我国股市功能严重扭曲、上市公司效率低下和信息披露质量不高是影响我国股票市场财富效应功能发挥的抑制因素。

其他作者在检验了我国股票或房地产市场财富效应之后，对影响财富效应发挥的因素进行了分析。如朱新玲和黎鹏(2006)认为我国居民消费心理、法律制度和市场环境的不成熟是抑制财富效应发挥的原因。马辉、陈守东(2006)认为除了前述所原因以外，我国转轨时期的特殊经济背景使股票市场财富效应难以发挥。骆祚炎(2007)在分析中国农村居民家庭资产财富效应不明显的原因时，认为居民资产种类少、规模小和收入低抑制了财富效应的发挥。

虞斌、王珊(2012)基于普惠金融视角，对江苏城乡居民股票资产的财富效应进行了实证分析，认为金融服务的普及程度，也是影响股票资产财富效应的因素之一。

杨赞等(2014)利用中国国家统计局2002～2009年的城镇住户大样本抽样调查数据，测定了住房价格对自有住房家庭消费倾向的影响，重点分析家庭再购房的三大潜在动机——为子女购买婚房、住房置换更新以及投资性购房对我国城镇家庭消费房价弹性的影响。实证结果表明我国居民较强的再购房动机是导致住房财富效应为负的重要原因。该研究为分析我国城镇居民消费与房价之间的关系提供了一个新视角。

刘慧、王聪(2015)对中国城镇居民股票资产财富效应的影响因素进行了实证分析，研究结果表明，股票市场规模和消费者信心与股票市场财富效应之间是正相关的，而股票市场的波动会抑制财富效应的发挥。

吕立新、王晶晶(2015)认为中国股市财富效应的发挥受到五个方面基础条件的限制：一是股市规模过小使得因股价上升带来的财富增加有限；二是投资者构成限制了财富效应的发挥，中国股市机构投资者获取了股市利得的大部分，且城镇居民构成了个人投资者的绝大部分，使得个人投资者尤其是农村居民难以分享股市上升的利好；三是中国住房、医疗、教育等多方面改革的推进使居民预防性储蓄动机增强，股市上涨如果不能达到居民的心里上限，则难以使其产生消费冲动；四是股票资产占居民资产比重较低，股市上扬不足以发挥财富效应；五是中国股市牛市持续过短，股市剧烈的波动使得股民缺乏来自股市的稳定收入预期。

祝丹、赵昕东(2015)基于1999～2013年中国省际面板数据,采用GMM方法,测度了我国不同省市的住房财富效应及人口年龄结构变动对住房财富效应的边际影响。结果显示:我国不同地区人口年龄结构对住房财富效应的边际影响存在差异,老龄化边际影响较大的地区,少儿比重的边际影响也相对较大,但老年比重的边际影响均为正,少儿比重的边际影响均为负,且前者影响程度大于后者。

1.2.6 研究现状的分析与总结

从以上的文献综述,我们可以看出国内外学者在财富效应研究中取得了丰硕的成果,为本研究打下了扎实的基础。然而现有研究有所侧重,从中可以发现有待深入研究的问题。

(1)财富概念的研究视野

国内外金融资产财富效应的研究中,股票资产研究得多,银行储蓄研究偏少;实物资产中房地产研究较多,固定资产研究偏少;房地产财富效应多以市场价格替代财富存量,对财富效应理论有所偏离;有形资产研究得多,而"无形资产",比如通过教育投入形成的人力资本的财富效应尚未发现研究;研究样本上,城镇地区研究多,农村居民家庭资产财富效应研究较少。

(2)财富效应的测量与比较

现有文献,尤其是国内文献中,关于财富效应的测量,单一形式资产研究较多,不同形式资产财富效应的比较研究较少。国内或某地财富效应研究较多,城乡比较与国别比较较少。仅限于此,就不能通过不同形式或不同地区及不同国家财富效应的差异,深入探讨财富效应发挥的传导渠道与影响因素。

(3)财富效应的影响因素分析

与发达国家不同,我国经济转轨时期的不确定性构成了抑制我国居民家庭资产财富效应发挥的特有因素。现有文献中,多偏重于财富效应存在性的检验,或效应大小的测量,对我国财富效应发挥的抑制因素分析较少。

本书将在前人工作的基础上,从普惠金融的视角对农村居民家庭资产财富效应问题进行理论分析、实证研究和对策措施的探讨。

1.3 本研究的目的与方法

1.3.1 研究目的

本研究的目的是要基于财富效应,探讨促进中国农村居民家庭消费的途径,为此目的,需要分析中国农村居民各种不同形式的家庭资产财富效应的生成机理和影响因素,分别测定不同形式资产财富效应的大小,并基于中国国情,结合普惠金融视角,探寻影响财富效应发挥的主要因素,从而提出相应的政策建议。

1.3.2　研究方法

研究方法的选取要服从研究目的的需要。本课题的研究目的是要测定各种形式的资产对农村居民消费支出的作用,这就对研究方法提出了相应的要求。为此,本课题在研究方法上力求做到定性和定量的结合,规范与实证的统一,在各类资产财富效应研究中,注重不同国家、不同地区和不同类别资产的对比实证,并进行行为金融学的心理账户实验分析。

（1）定性和定量的结合

在分析探讨财富效应的理论基础与影响因素时,以定性分析为主,着重探讨财富效应的发生原理与传导机制;在衡量财富效应的具体表现时,以定量分析为主,目的在于精确测定财富效应的大小,发现问题的根源,寻求相应对策。在定量分析中根据不同形式家庭资产的具体特点,紧密结合本课题的研究目的,综合考虑数据的可得性与可靠性,选取适用的方法。

考虑到不同形式资产各自的特点,采用不同的方法测定其财富效应。由于银行储蓄存款余额受居民收入的影响较大,在各季度有较大波动且规律明显,在第一季度由于居民的年终分红、年终工资的集中发放而明显升高,所以不适宜采用季度或月度数据进行时间序列分析,但是其各地区数据可得性较好,所以可采用年度面板数据进行分析。住宅资产的流动性较差,且其高频数据不易获得,但是各地年度数据相对完备,故也可采用面板数据。由于人力资本积累过程的特殊性,也不便采用高频数据分析,为获取足够的样本空间,同时也考虑数据的可得性,本课题也采用了面板数据模型。

（2）实证与规范的统一

实证研究回答"是什么"的问题,涉及模型变量特征的刻画与描述,规范研究回答"应该如何"的问题,涉及优劣利弊的价值判断。本课题对中国农村居民各类资产财富效应的研究既检验了资产边际消费倾向的数值,又以能否促进居民消费作为价值判断依据,对各类资产财富效应的性质和影响因素进行深入剖析,并在此基础上提出政策建议,力求实证与规范研究的统一。

（3）对比分析法

由于管理实践和学术研究中并无统一的标准说明财富效应测定结果的大小,没有比较,便难以鉴别。因此本课题在不同章节大量采用了对比分析方法,对不同国家、不同地区或不同资产类型的财富效应进行了对比分析,以利鉴别财富效应的高低及其原因。比如,第七章对城乡居民住宅资产财富效应,以及中美两国房市在牛市期间的财富效应的对比,第八章对农村居民住宅资产和生产性固定资产财富效应的对比,第九章对城乡居民人力资本财富效应进行的对比分析,通过对比,才能发现造成不同资产财富效应高下之别的原因,并寻求解决对策。

（4）心理账户实验

行为经济学对传统的生命周期和永久收入理论进行了修正,形成了行为生命周期理论,本课题将跟踪学科最新进展,通过心理账户实验,来验证农村居民家庭资产财富效应。

1.4　研究内容与创新点

研究内容与结构安排的技术路线也要服从于研究目的,为了测量中国农村居民各种形式资产的财富效应,本课题的研究内容力求做到轻重有别,详略得当,写作思路要考虑技术路线的可行性与方法工具的适用性。

1.4.1　研究内容

为了分析居民资产的财富效应,本课题各章的研究内容安排如下:

第一章作为绪论,首先阐述财富效应问题的现实背景和理论意义,然后是文献综述,把居民家庭资产财富效应的相关研究成果进行了较为系统深入的分析和梳理,评估了相关领域现有研究成果的水平,针对其中存在的问题和不足之处确定本课题的研究目的和研究方法,并指出本课题可能的创新之处。在此基础上介绍本课题研究内容的章节安排。

第二章是财富效应的理论分析。为了在后续章节充分展开对不同国家、不同地区、不同形式居民资产财富效应的研究,对财富效应问题的理论渊源和发展脉络进行了系统的回顾与总结,对财富效应一般的发生机理、传导机制和影响因素进行了较为深入的分析与阐述,并结合中国国情,建立了不确定条件下中国农村居民家庭资产财富效应的检验模型,为后续章节的研究奠定基础。

第三章和第四章分别是中国农村居民家庭资产和消费的总量与结构特征分析,把农村居民家庭资产分为金融资产与实物资产,把农村居民消费分为生存型消费和发展型消费,通过图形和表格,分析多年以来的总量增加与结构变化,为后文分析财富效应做好铺垫。

第五章是中国普惠金融的发展与演变回顾,对中国农村地区的金融抑制进行了理论与实证研究,利用因子分析法,分析了中国各地区普惠金融发展的空间分布和时序演化特征,并以普惠金融较为典型的业务——小额贷款为例,介绍了国外小额贷款技术创新的先进经验及其对中国的启示。

第六章致力于中国农村居民银行储蓄资产的研究。在检验其财富效应之前,基于预防性储蓄动机强度的测算,深入分析了中国农村居民增加银行储蓄的动因,然后对中国农村居民银行存款财富效应进行了面板数据测量,并从普惠金融视角分析了实证结果。

第七章研究中国农村居民家庭住宅资产的财富效应。针对房地产的特点,首先分析了房地产财富效应的生成机理、传导渠道和作用方向。在此基础上,对中国城乡居民住宅资产财富效应和中美牛市期间住宅资产财富效应进行了对比分析,探讨了影响中国居民住宅资产财富效应发挥的主要因素和相应的政策含义。

第八章研究农村居民家庭生产性固定资产的财富效应。首先阐述了生产性固定资产财富效应的生成机理,然后分第一、第二和第三产业,研究农村居民家庭不同类型的生产性固定资产影响农村居民生存型和发展型消费的财富效应,最后对农村居民家庭住宅资产和生产性固定资产财富效应进行了比较研究。

第九章研究人力资本的财富效应。在系统梳理了人力资本理论的发展源流之后,基于人力资本积累机制和变现过程的特殊性,分析了人力资本财富效应的生成机理和影响因素,对比了各类人力资本存量测定方法的优势与不足,再选择较能适应本研究目的的受教育年限法,分别检验了中国城乡居民人力资本的财富效应,通过检验结果的对比,探讨了影响中国居民人力资本财富效应发挥的主要因素。

第十章是案例分析,基于行为生命周期理论的心理账户实验,在设定的情境下分析农村居民各类心理账户财富增加之后,以及获得普惠金融服务之后可能出现的消费意愿变化,并从普惠金融的视角进行了实证结果分析。

第十一章是研究结论。对全书涉及的主要资产的财富效应实证结果进行了总结与对比,在此基础上,结合普惠金融的视角,提出了一系列针对现阶段中国国情的改善农村居民家庭资产财富效应,促进农村居民消费的具体政策建议。最后,总结了本课题研究的不足之处并进行了后续研究主要方向的设想与展望。

1.4.2　主要创新点

基于以上分析可以看出,国内外学者已对财富效应问题进行了比较深入系统的研究,为本课题对中国居民家庭资产财富效应的分析打下了较为扎实的理论基础。本书拟在前人研究的基础上,针对现有研究中的不足之处努力探索,力争在以下几方面取得突破:

（1）研究视野的扩展

国内外金融资产财富效应研究多侧重于股票资产,而中国股市参与者绝大多数是城镇居民,本课题将研究视野转向居民银行储蓄,结合预防性储蓄动机,分析农村居民银行储蓄存款的财富效应;国内外实物资产财富效应集中于房地产,房地产作为永久性收入来源的功能理论上弱于生产性固定资产,本研究将重点分析农村居民家庭生产性固定资产的财富效应;国内外财富效应研究集中于金融资产与固定资产,本研究将研究视野拓展到人力资本,探讨农村居民人力资本的积累对其消费的促进作用。

(2)研究方法的创新

国内外现有文献中对居民资产财富效应的研究,多集中于单一地区,单一形式资产财富效应的研究,本书大量采用了对比分析。现有的文献在研究中国房地产财富效应时,多从全国总体的或某个地区的宏观角度,研究城镇地区房地产财富效应。本书进行了城乡对比和中美对比,结合普惠金融的发展,探讨影响居民住宅资产财富效应发挥的因素。在研究农村居民家庭生产性固定资产财富效应时,将其与农村居民住宅资产财富效应进行对比,发现由于可以产生永久性收入预期,生产性固定资产的财富效应更加显著。在进行农村人力资本财富效应时,也采用了城乡对比的方法,研究基于受教育年限的人力资本积累对其消费提升的影响。最后基于行为生命周期理论,通过心理账户实验,结合普惠金融视角研究农村居民家庭资产财富效应。

(3)影响因素研究的深化

本书在测度农村居民各类家庭资产财富效应的基础上,联系中国农村经济、社会发展状况,从普惠金融视角,分析影响农村居民家庭资产财富效应发挥的因素,探讨缓解预算约束,解除后顾之忧,提升消费环境,增强农村居民永久性收入预期的具体途径。

第二章　财富效应的理论分析

　　按照本书的定义,财富效应是资产价值变动引起的消费支出变动。而根据现代消费理论,财富存量和流量的变化对消费的影响是消费函数最重要的组成部分之一[①]。所以,对财富效应的理论分析,必然要从对消费函数理论的梳理开始。对消费支出的研究,无论是支出总额还是其组成部分,一直是宏观经济管理者关注的主要问题。新古典经济学甚至认为,满足居民家庭的消费需求是经济体运作的主要目的,达成这一目标的效率是判断经济制度与管理政策合理与否的主要根据。十九世纪中期以来,这种观点导致学者们对价格与消费的关系进行了深入的考察,有关的理论探索和经验分析是一项主要的、持续的研究工作。由此上溯到十八世纪,通过家庭预算行为来描述其富裕或贫困的程度甚至形成了一种惯例,对家庭收入和支出方式之间关系的研究,一直是经济管理者、统计学家和经济计量学家关注的主要议题之一。自凯恩斯(J. M. Keynes)的《通论》发表以来,消费函数更是在宏观经济管理研究中处于核心位置[②]。1930 年代以来,相关的理论与实证研究成果层出不穷,一些才智卓著的学者建立了堪称完美的理论模型,其中一些很好地解释了现实世界已有的现象,而有的模型尽管逻辑自洽,形式严谨,但未能获得经验证据的充分支持。下面按照这些理论的发展脉络,对消费函数进行较为系统深入的理论分析,并从中探析财富效应的发生机理。

2.1　消费函数

　　迄今为止,消费函数的发展大致经历了以下几个阶段:

---

　　① 约翰·伊特维尔等编. 新帕尔格雷夫经济学大辞典[Z]. 第四卷. 北京:经济科学出版社,1996:956.

　　② 约翰·伊特维尔等编. 新帕尔格雷夫经济学大辞典[Z]. 第一卷. 北京:经济科学出版社,1996:641.

2.1.1 凯恩斯的消费倾向说

学术界一般将凯恩斯的消费理论简单地概括为"绝对收入理论",以便和后来杜森贝利的"相对收入论"相对应。其实凯恩斯对消费函数有着十分系统而全面的论述,"绝对收入论"远不足以涵盖凯恩斯的消费函数学说。后来很多重要的消费函数研究成果,都可在凯恩斯的论述中找到根源。

凯恩斯在《通论》第八和第九章中,对消费函数进行了详细的分析。他把存在于既定的收入水平 Y 和该工资水平下的消费支出 C 之间的函数关系定义为"消费倾向"。凯恩斯认为全社会用于消费的开支分别取决于收入水平、客观因素以及主观因素。

（1）客观因素

① 资本价值的意外变动

除了收入以外,凯恩斯提到的第一个客观因素就和财富效应有关,这个因素是"计算净收入时没有计入的资本价值的意外变动"。这一变动与收入之间没有稳定或有规律的关系,但是在调节消费倾向中更为重要。拥有财富的阶层的消费,可能对其财富的货币价值未预见到的变动极度敏感。凯恩斯认为这是短期内影响消费的主要因素之一。

② 时间贴现率的改变

所谓时间贴现率,是将现在物品与将来物品交换的比率。它和利息率的区别在于考虑范围的不同。时间贴现率要涵盖一切种类的风险,如是否能生存足够长久以享用未来商品。作为一种近似的估算,可把时间贴现率等同于利率。当人们对未来感到有很大的不确定性时,将会降低现期的消费,以备不时之需。

③ 财政政策的改变

所得税,特别是针对不劳而获的收入,比如利润、遗产的所得税率升高时,消费支出将受到影响。如果政府有意识地通过财政政策来"均贫富",则消费倾向将进一步改变。

（2）主观因素

凯恩斯把影响消费倾向的主观因素分为八个方面进行了简要叙述。这些动机将抑制个人把收入用于消费。

① 谨慎:为应付无法预见的不时之需建立储备。

② 远虑:为应付可以预见的收支改变而提前储蓄,用于自身养老、子女教育或抚养弱小。

③ 筹划:消费者认为将来较多的消费优于目前较少的消费,为此需要获得财富增值或利息收入,因而不得不进行储蓄,从而减少当前消费。

④ 改善：消费者为了改善生活而减少当前消费，以期在未来享用逐渐增加的生活开支。

⑤ 独立：为了获得独立自主的感觉或者积蓄谋生的能力，即使并无采取具体行动的明确意图，也会进行储蓄。

⑥ 进取：为了进行投机或商业经营而积累资金。

⑦ 自豪：为了能够留下遗产。

⑧ 贪财：纯粹出于守财奴的贪婪，一味地抑制消费。

凯恩斯认为所有这些动机的强弱在很大程度上取决于经济社会的组织体系，取决于种族、宗教、成规、习惯和教育水准，取决于民众当下的期盼与历史的经验，取决于资本设备的规模和技术，取决于当期的财富分配和既往的生活水准。凯恩斯把所有这些影响主观动机的因素视为短期内既定的背景[①]。

（3）凯恩斯的消费函数

凯恩斯认为主观因素只是在长期内缓慢变迁，短期内难以形成对消费的影响，而上述客观因素与收入相比，收入是影响消费的最主要因素。他在《通论》中自信地写道："根据现有资料，无论从已知的人类本性，还是从经验中的具体事实来看，我们都有很大的信心来使用一条基本的心理规律，即在一般情况下，平均来说，当人们收入增加时，消费也会增加，但消费增加不如收入增加那样多。"[②]如用 C 代表消费，Y 代表收入，则 ΔC 小于 ΔY，且两者符号相同，即 dC/dY 取值为正且小于 1。凯恩斯认为，消费增加小于收入增加的主要原因，是消费者倾向于维持其原有消费习惯。照此推断，当收入因失业攀升而大幅度下降时，消费甚至可能超过收入，这些观点均为后来的研究部分证实。

2.1.2　相对收入理论

凯恩斯的《通论》出版多年之后，杜森贝利（James H Duesenberry）于 1949 年出版了《收入、储蓄和消费者行为理论》，在其中提出了相对收入理论，对凯恩斯的消费倾向学说进行了修正，认为消费支出受相对收入而不是绝对收入的影响。所谓相对收入包括收入在空间与时间两个方面的对比。首先是空间上的对比，即"示范"。如果某家庭的绝对收入增加了，但是其左邻右舍的收入也一起同比例增加，则该家庭的消费占其收入的比例不会变化。反之，如果该家庭的收入并未增加，但其左邻右舍的

---

① 约翰·梅纳德·凯恩斯著；高鸿业译. 就业、利息和货币通论[M]. 北京：商务印书馆，1998：112—117.

② 约翰·梅纳德·凯恩斯著；高鸿业译. 就业、利息和货币通论[M]. 北京：商务印书馆，1998：118.

收入增加了,为了维持在所属人群中的地位,该家庭的消费倾向会增加。或者说,周围的人对他的消费行为有示范作用。其次是时间上的对比。人们的消费支出不仅受当期收入的影响,还会受既往收入的影响。如果人们的当期收入下降,他们为了维持过去的生活水平而拒绝降低消费支出,因此会增加当期的消费倾向。这种行为,类似于机械装置中的棘轮,只能进不能退,因此也叫消费的"棘轮效应"。

2.1.3　生命周期与持久收入理论

（1）LC-PIH 的观点

凯恩斯关于消费的学说引发了经久不衰的热烈讨论,其中一个最重要的议题在于解释消费支出的相对稳定性。实证数据表明,消费支出的波动在长期内和收入波动比较一致,但在短期内,消费波动小于收入波动。这说明影响消费的因素除了凯恩斯所强调的当期收入外,一定还另有原因。杜森贝利的"棘轮效应"解释了经验数据中消费的稳定性,也和后来理性预期的研究成果具有逻辑上的一致性。其"示范效应"的说法也颇具启发,但是在不同消费者相互影响的效用函数模型的建立与推导上遇到了很大的困难。费里德曼(Milton Friedman)和莫迪里阿尼(Franco Modigliani)等人通过消费行为理论的传统形式,即建立个体独立的效用函数并使其最大化的方法,开辟了消费函数研究的新领域。

莫迪里阿尼(1954)和费里德曼(1957)分别提出了生命周期理论和持久收入理论,经过多年的争论与探讨,这两个理论目前已经融为一体,被称为生命周期——永久收入假说,简称LC-PIH(Life Cycle-Permanent Income Hypothesis)。LC-PIH 修正了凯恩斯的学说,认为人们的消费支出不会完全由现期收入决定。

根据莫迪里阿尼提出的生命周期学说,消费并不总是仅受其当期收入影响。理性决策的消费者,会将一生的总收入在其生命的各个阶段进行最优配置,以获得消费效用的最大满足。比如,青年人的收入一般偏低,但是为了家庭基本建设或是个人的进修,消费往往超过同期收入,哪怕是通过借贷也要消费。当他们步入中年,随着实力的增强,收入渐丰,消费小于收入,收入的多余部分一方面偿还青年时期的债务,另一方面为将来养老进行储蓄。一旦年老力衰,收入下降,消费可能超过当期收入。如果不留遗产,到其寿终正寝之时,正好花光所有积蓄。这种理论在宏观经济上的意义在于,如果一个经济体中的人口出现了老龄化趋势,或者相反,出现"婴儿潮",则全社会的消费倾向会升高。

费里德曼的持久收入论认为,人的消费支出主要是由其持久收入而非当期收入决定的。所谓持久收入是指他可以预见到的长期的收入。与持久收入相区别的是暂时性收入,举例来说,如果一个工程师的职务级别提升了,则加薪带来的收入是持久收入。如果他临时加班获得了劳务报酬,就是暂时性收入。按照这一理论,理性的消费者总是会试图判断他新获得的收入究竟是持久收入还是暂时性收入。如果是持久性收入,则会相应增加消费,如果是暂时性收入,则由它引起的消费很小。持久收入理论的政策含义在于,政府通过增减税收来改变人们的消费倾向是很难奏效的,因为人们把这种情况下的收入变动看成是暂时的。

(2) LC-PIH 的模型

财富效应是消费函数的重要组成,消费函数研究的出发点是对个人消费行为的分析。排除了非理性因素造成的明显的偏差之后,理性决策的个人行为可由适当约束条件下效用最大化来描述。富于说服力的模型应当详细说明个人面临的约束情况,或给出效用函数的具体特征。最一般的偏好可表述为:

$$U_t = E_t \{ f(C_1, C_2, \cdots C_t, \cdots C_T) \} \tag{2—1}$$

其中,U_t 是 t 时期的效用,E_t 是消费者基于 t 时期的信息形成的预期值的条件期望的预期算子,C_1 到 C_T 是时期 1 到时期 T 的消费向量。$f(\cdot)$ 是一个对其各个自变量的拟凹函数,它代表了一生的总效用。下标 1 到 T 代表一生的各个时期,1 为计算期的初期,T 代表计算期的末期。如果该式描绘的是一生的总效用,则 1 为出生日,T 为死亡日。由于在有生之年的任一时期 t,消费者都只能基于 t 期的信息进行决策,t 时期左边的事情都已经决定,右边却受到难以预测的利率、价格、收入变动带来的随机影响的约束,用未来放弃的消费作现期消费的成本,是不确定的,因为未来还会出现一定数量的资源,所以需要加上预期算子。

时际的效用函数常常被假定是时际可加的(intertemporally additive),这意味着个人上期的消费不会影响下期的"胃口",更进一步地,任何两期的消费丛之间的偏好顺序评估,不必依赖别的时期的消费水平。即多期效用函数符合如下形式:

$$U(C_1, C_2 \cdots C_n) = \sum_{i=1}^{n} u(C_i) \tag{2—2}$$

如果这个假设成立,则(2—1)式可以改写为更简便的形式:

$$U_t = E_t \sum_{t=1}^{T} u_t(C_t) \tag{2—3}$$

(2—3)式的时际可加性结构更清楚地表明,由于时间的不可逆,一旦抉择便不能取消,追求寿命期的效用最大化就是追求各个时期的子效用函数的最大化,这意味着 t 时期的消费者只能逐个时期地进行最佳消费,以达成效用的最大化,直至生命终了,正所谓"往者不可谏,来者犹可追"。

在确定性条件下,(2—3)式可去掉预期算子。剩余寿命为 T 个时期的人在其剩余生命第 1 个时期看来,他的终生效用为:

$$U = \sum_{t=1}^{T} u_t(C_t), u' > 0, u'' < 0 \tag{2—4}$$

瞬时效用的一阶导数为正，二阶导数为负，符合理性预期的假设。假设这个消费者在剩余生命周期初期的起点拥有的财富为 A_0，在以后各期的劳动收入分别为 Y_1，Y_2，Y_3，……Y_T。所谓确定性条件，就是消费者可以计算未来各期的收入。假设该消费者所有债务必然在生命终点前偿还，并且他可以按外生利率进行储蓄或借贷。为简化计算，令利率为零。则其预算约束为：

$$\sum_{t=1}^{T} C_t = A_0 + \sum_{t=1}^{T} Y_t \tag{2—5}$$

要使目标函数(2—4)达到最大，在约束函数(2—5)约束下，该最大化问题的拉格朗日函数为：

$$L = \sum_{t=1}^{T} u(C_t) + \lambda \left(A_0 + \sum_{t=1}^{T} Y_t - \sum_{t=1}^{T} C_t \right) \tag{2—6}$$

求得 C_t 的一阶条件为：

$$u'(C_t) = \lambda \tag{2—7}$$

由于每期的消费函数都采用了相同的形式，则(2—7)式意味着总效用最大时，每期的边际效用正好都等于 λ，又由于效用的二阶导数为负，即 $u'' < 0$，则一阶导数单调递减，消费水平和边际效用相互之间可唯一地决定，说明各期消费相等，即

$$C_1 = C_2 = C_3 = \cdots\cdots = C_T \tag{2—8}$$

将(2—8)式代入预算约束(2—5)式，可得

$$C_t = \frac{1}{T} \left(A_0 + \sum_{t=1}^{T} Y_t \right) \tag{2—9}$$

上式括号中是消费者余生的总资源，该式表明，为追求一生效用最大化，消费者会选择在剩余寿命周期内平均花费其总资源。

上述分析表明，在一个既定时期 t，决定消费者支出的不仅是当期收入，而是其整个余生的总资源。费里德曼把(2—9)式的右边称作永久性收入(permanent income)，而当期收入与永久性收入之差就是暂时性收入(transitory income)。方程(2—9)表明，消费由永久性收入而非当期收入决定。

上述分析还表明，尽管收入的时间模式对消费影响有限，但是对储蓄而言却至关重要。个人在 t 时期的储蓄为当期收入与当期消费之差，即

$$S_t = Y_t - C_t \tag{2—10}$$

将(2—9)代入上式可得

$$S_t = Y_t - \frac{1}{T} \left(A_0 + \sum_{t=1}^{T} Y_t \right) \tag{2—11}$$

从(2—11)式我们可以看出，当初期财富一定，如果当期收入高于其生命周期内平均水平，即暂时性收入较高时，储蓄也较高。当期收入低于生命周期平均水平，则储蓄为负，即消费者会借款用于消费。这就从另一个侧面解释了消费波动的平稳性，

说明消费者利用储蓄或者借款来平滑消费路径。这正是 LC-PIH 理论的核心思想，也是本课题讨论财富效应主要的理论依据之一。

2.1.4　理性预期视角的消费函数

LC-PIH 理论是基于确定性条件的分析，而现实经济生活中消费者要面临各种不确定条件。未来的种种情状，在 t 时期是无法准确把握的。理性决策的消费者在 t 时期的消费行为只能基于 t 时期的信息来决定。戴维·罗默（2003）把上面的分析扩展到不确定条件下的消费者行为，其过程如下：

假定利率和贴现率为零，效用函数 $u(\cdot)$ 为二次型。消费者个人试图将如下效用函数最大化：

$$E(U) = E\Big[\sum_{t=1}^{T}\Big(C_t - \frac{a}{2}C_t^2\Big)\Big], \quad a > 0 \tag{2—12}$$

其约束条件依然是（2—5）。

为描述消费者个人的消费行为，可使用欧拉方程。具体来说，假定消费者个人已经根据第 1 期信息对第 1 期的消费进行了最优选择，并在可得的信息条件下，对未来的每个时期都最佳地选择消费支出，以使总效用最大。在这种动机驱使下，不失一般性，如果消费者感觉未来某期的消费效用比现在消费效用大，他会减少现期消费支出，把节省下来的钱用于未来的消费。如果考虑从第 1 期减少消费支出 dC，并把这笔支出用于未来的某期，比如 t 期的消费。由于第 1 期的边际效用为 $1-aC_1$，这种调整的效用成本为 $(1-aC_1)dC$，同理，第 t 期的边际效用为 $1-aC_t$，这次调整的效用收益为 $E_1(1-aC_t)dC$，其中 $E(\cdot)$ 表示基于第 1 期信息的条件期望算子。消费者进行这种调整时，如果感觉减小当期消费所用的效用成本，小于增加未来消费带来的效用收益，则会继续减小本期消费，增加后期消费，因为二次型消费函数的边际收益是递减的，这种调整将使得减小本期消费的边际效用成本越来越大，而增加未来消费带来的边际效用收益越来越小，最后导致两者相等。即，若个人在追求总效用最大化，将有：

$$1-aC_1 = E_1(1-aC_t), \quad t = 2,3,\cdots,T \tag{2—13}$$

由于 $E_1(1-aC_t)=1-aE_1(C_t)$，这意味着

$$C_1 = E_1(C_t), \quad t = 2,3,\cdots,T \tag{2—14}$$

该消费者面临的终生预算约束仍为（2—5）式，而该式两边的期望值相等：

$$\sum_{t=1}^{T} E_1(C_t) = A_0 + \sum_{t=1}^{T} E_1(Y_t) \tag{2—15}$$

由方程（2—14）可知（2—15）左边等于 TC_1，将其代入（2—15），可得：

$$C_1 = \frac{1}{T}\Big[A_0 + \sum_{t=1}^{T} E_1(Y_t)\Big] \tag{2—16}$$

上式表明消费者的消费支出等于其剩余生命周期内总资源的年均期望值。由此可以看出,所谓不确定性条件下的消费者支出,它和确定性条件下得出的结论相比,主要区别在于对未来收入的判别。当然,如果考虑得更全面一些,还应包括利息率和效用贴现率。

2.2 财富效应和消费函数

财富效应是消费函数的重要组成部分,从上节对几种主要的消费函数的分析与介绍,我们可以看到财富效应与消费函数之间难以割裂的紧密联系。

2.2.1 基于凯恩斯消费函数对财富效应的解释

从上文对"凯恩斯消费倾向"的分析我们可以看出,即使假定当期可支配收入是决定消费的最主要变量,即假定消费是收入的一元函数,凯恩斯也承认各种客观和主观因素对"消费倾向"的影响,即整个消费函数线会因为各种主客观因素而发生移动。

凯恩斯提到的首要的客观因素是"计算净收入时没有计入的资产价值的意外变动",其中的"资产价值"正是本书所要分析的"财富",资产价值的意外变动,可以使得一元消费函数曲线上下移动。当收入一定时,资产价值的增加,将导致消费增加,即整个消费曲线向上移动,这正是财富效应的典型表现。所谓"意外变动",也和后来的"永久性收入"与"暂时性收入"的分析异曲同工。

凯恩斯对利息率和贴现率的分析,也适用于财富效应的解释。当利息率和贴现率的综合作用使得消费者对现期效用评价更高时,消费者不但倾向于把收入用于现期消费,还会把当期财富的一部分用于当期消费。

凯恩斯在客观因素的最后一方面提到财政政策的作用,如果税收政策对消费者的既有财富有所针对,比如提高遗产税,也会对消费者行为发生影响。在其他因素给定时,遗产税的增加会导致财富效应的改变。

凯恩斯在承认客观因素对消费发生作用的同时,把自己的研究视野限制在短期,所以他所认为的主观因素被视为给定的,但是本课题将研究的范围扩展为长期时,这些主观因素——谨慎、远虑、筹划、改善,以及独立、进取、自尊和贪婪,无一不是影响财富效应的重要变量。限于篇幅和数据的可得性,本课题将选择其中一些要点,进行财富效应影响因素的分析。

2.2.2 相对收入论与财富效应

相对收入论强调消费者在空间与时间上的对比,是对凯恩斯消费理论的有益补充。不论是出于和同侪的"攀比",还是对既往消费水平的"怀念",消费者在靠现期收入维持较高水平消费时如果力有不逮，只能通过其他途径满足其消费需求，比如通过消耗包括银行储蓄在内的现有财富用于现期消费。如果要变现其他流动性较差的资产，比如不动产，颇感不便时，还可利用消费信贷，而获取消费信贷的条件便涉及居民现有资产存量。

2.2.3　LC-PIH 视角的财富效应

LC-PIH 理论最大的贡献，在于提出了消费者基于整个生命周期的消费行为模式，以及对永久收入和暂时性收入的区分，这一理论是本课题财富效应研究主要的理论基石之一。财富效应正是消费者对各期财富在整个生命周期内优化配置的结果，从前文确定性条件下的消费函数（2—9），即 $C_t = \dfrac{1}{T}\left(A_0 + \sum\limits_{t=1}^{T} Y_t\right)$，可以看出，财富对消费的影响来自消费者对其生命周期内永久收入的配置。为了追求一生效用的最大化，消费者将在其整个生命周期的剩余时间内对现有财富进行平分。从中我们可以看出财富效应发生机理的最初源头，分析影响财富效应的主要因素，进而提出增加财富效应的主要途径。

2.2.4　理性预期消费理论与财富效应

理性预期消费理论讨论了不确定条件下的消费函数（2—16），即 $C_1 = \dfrac{1}{T}\left[A_0 + \sum\limits_{t=1}^{T} E_1(Y_t)\right]$，其财富效应部分的表述并未"自外于"LC-PIH 的理论框架，这一理论的贡献在于进一步放宽了消费函数的假设条件，引入了"不确定性"这个现实情境中的基本概念。由于居民财富来自各期可支配收入在消费之后的逐期积累，如果未来各期的收入面临不确定，则财富的积累也将面临不可知的波动，这种波动将强化凯恩斯提出的居民谨慎动机等主观因素，削弱永久性收入预期从而抑制财富效应。

2.3　财富效应的检验模型

上述模型未考虑消费者的效用贴现率和金融市场贴现率。在 LC-PIH 框架内，可推导居民家庭财富效应检验的估计方程。设计算期为 t 期，剩余寿命总长度为 T 期。δ 为效用贴现率，该数值越大，说明消费者越是偏好当期消费，r 为资产贴现率。Y 和 A 分别代表收入和财富存量。则不确定条件下剩余生命周期的总效用为：

$$U = E_t \sum_{t=0}^{T} \frac{U(C_t)}{(1+\delta)^t} \tag{2—17}$$

这就是消费者基于 t 期信息欲使其最大化的目标函数。而约束函数为初期的财富和各期收入的预期贴现值总和。即：

$$\sum_{t=0}^{T} \frac{C_t}{(1+r)^t} = A_0 + \sum_{t=0}^{T} \frac{Y_t}{(1+r)^t} \qquad (2\text{—}18)$$

其中 C_t 为 t 期的消费支出，A_0 为剩余生命周期之初的财富存量，Y_t 为 t 期的收入。

由上文用过的欧拉方程方法，由于消费者总是生活在剩余生命周期的"当下"，即"本期"，"本期"对于整个剩余生命周期而言是初期，即第 0 期。假定消费者已经对第 0 期的消费支出进行了最优化，然后基于第 0 期的信息，对本期和此后的某期，比如第 t 期的支出进行最优化。不失一般性，如果消费者感觉 t 期消费边际效用高于本期，则会减少本期消费支出用于 t 期消费，由于边际效用的递减性，这种调整将导致本期减少一单位支出的消费效用成本等于因此而增加的 t 期效用收益的贴现值，即：

$$U'(C_0) = \frac{(1+r)^t}{(1+\delta)^t} E_0 \left[U'(C_t) \right] \qquad (2\text{—}19)$$

该式就是式（2—17）效用最大化的一阶条件。其中右边系数的分子表示在 0 期节省下的单位支出在 t 期的本利和，它乘以 t 期的边际效用期望值等于 t 期增加的效用收益。系数的分母表示 t 期效用按照效用贴现率 δ 折算到本期即第 0 期。

如上文一样，假定效用函数为二次型，则（2—19）式变为：

$$1 - aC_0 = \frac{(1+r)^t}{(1+\delta)^t} E_0 \left[1 - aC_t \right] \qquad (2\text{—}20)$$

为简化分析，假设利率等于效用贴现率，即 $r = \delta$，则上式变为：

$$C_0 = E_0(C_t) \qquad (2\text{—}21)$$

因为消费者知道自己的终生消费受限于（2—18）式，且其两边期望相等，即：

$$E_0 \sum_{t=0}^{T} \frac{C_t}{(1+r)^t} = A_0 + E_0 \sum_{t=0}^{T} \frac{Y_t}{(1+r)^t} \qquad (2\text{—}22)$$

将（2—21）式代入（2—22）式，并令 $T \to \infty$，可得：

$$C_0 = \frac{r}{1+r} A_0 + \frac{r}{1+r} \sum_{t=0}^{\infty} \frac{1}{(1+r)^t} E_0(Y_t) \qquad (2\text{—}23)$$

该式表明剩余生命周期初期的消费取决于期初的财富存量和本期收入及未来各期收入预期值的贴现值之和。

充分考虑财富效应的发生机理和数据的可得性，可导出本课题财富效应基本估计方程：

$$C_t = a_0 + a_1 A_{t-1} + a_2 Y_t + \varepsilon_t \qquad (2\text{—}24)$$

其中，C_t，A_{t-1} 和 Y_t 分别为本期消费流量、上期末财富存量和本期收入流量，由于未来收入预期值难以计量，本课题所用计量模型中 Y_t 均使用居民本期可支配收入。a_0 为自发性消费，a_1 即为本书所要检验的财富效应，a_2 为当期收入的边际消费倾向,ε_t为误差项。

为克服计量单位各异带来的困扰,并计量消费对财富和收入的弹性,还可采用对数形式:

$$\ln C_t = b_0 + b_1 \ln A_{t-1} + b_2 \ln Y_t + \xi_t \qquad (2-25)$$

此处b_1和b_2分别为消费对上期末财富和当期收入的弹性。

2.4　财富效应的生成机理与影响因素

从以上分析我们可以清楚地看到,财富效应是消费函数的重要组成部分,两者之间存在密不可分的有机联系,各种消费理论一脉相承,都从理性人假设出发,阐述了包括财富效应在内的消费原理。以下针对消费函数中的重要构成因子——居民资产进行重点阐述,特别对影响居民资产财富效应发挥的主要因素进行一般的概括,为叙述的方便,以各类资产增加对消费的正向促进作用为例。

2.4.1　财富效应的生成机理

（1）居民家庭资产价值持续稳定的增长使居民消费信心增强

资产价值增长来自资产价格的上升或资产数量的增加,或两者共同增加。资产价值持续增长的过程中,如果能够方便地变现,则可能直接增加居民消费,如果一时不便或不能变现,则其稳定增长的趋势可能使居民自我感觉"家境殷实",消费信心增强。

（2）资产价值的增加有助于获得消费信贷的支持

若从全社会总体视角观察,资产价值的增加,如股市的扩容与交投活跃,房地产的不断开工与购销两旺等等,伴随着整个国民经济整体的持续繁荣,此时往往金融系统银根较松,消费信贷业务繁忙。从居民家庭的微观层面考察,其家庭资产价值的上升意味着他的资信等级上升,其他条件不变时,此时他更易获得消费信贷进行消费。

（3）资产价格持续稳定的上升使居民对未来收入产生乐观预期

如果某种资产数量并未明显增加,而只是价格上升,比如股价上升,房地产价格上升或社会上对人才的需求旺盛导致工资率提高,这些现象往往伴随着总体经济运行的持续繁荣,这种情况下不论某具体居民家庭是否具有某种具体资产,他们都有可能因对就业前景看好,对未来收入产生乐观性预期而增加当期消费性支出。

2.4.2　影响财富效应发挥的主要因素

（1）资产的相对规模

如果某种资产的价格持续上升,其他条件不变时,对于具体的居民家庭而言,它是否正好拥有这种资产或者拥有这种资产的规模大小,对其消费信心的影响当然有所不同。对于社会总体而言,某种资产相对规模的大小决定了该资产在社会经济运行和居民家庭生活中影响力的大小。如果某种资产确实具备增强居民消费信心之功效,但若规模太小,则以人均数值表征的"代表性消费者"的财富效应将不受影响。

(2)资产价格上升的稳定性

资产价格上升意味着该种资产价值的增加,理应对居民消费信心产生积极影响。但如果这种价格的上升波动性较大,则无法使居民产生永久性收入预期,对居民消费信心的支撑作用有限。

(3)积累该种资产的成本或代价的大小

如果居民积累某种资产代价较小,不论他是由于机缘巧合而把握了市场机会,或是因能力出众而轻易获得了巨额资产,这种情况下该居民家庭的消费会随着其资产价值的增长而增加。但如果获得某种资产要经历痛苦漫长的积累过程或付出巨大的货币成本,则不论其是否能够得到消费信贷的支持,都会对其消费产生挤出效应。

(4)变现渠道是否通畅

居民资产财富效应生成机理的本质在于该资产现实或潜在的变现能力,如果该资产能够顺利地变现为货币收入现金流,则其他条件不变时,其财富效应越容易彰显。反之,如果由于某种原因,某种资产在现实中难以变现,在未来也不具备变现的条件与可能,则其财富效应便无从发挥。

第三章 中国农村居民家庭资产分析

改革开放以来,中国农村经济取得了长足的进步,农户居民家庭资产的积累日渐增多。本章将农村居民家庭资产分为金融资产和实物资产,分别进行总量增长和结构演化分析。中国居民家庭的金融资产主要是银行储蓄存款、股票、国债和证券投资基金,而受限于农村金融服务的普及程度,农户的金融资产主要是银行储蓄资产。农村居民家庭实物资产方面,主要包括住房和生产性固定资产。分析农村居民家庭资产的总量与结构分布,可为下文研究农村居民家庭各类资产促进消费的财富效应奠定基础。

3.1 农村居民家庭银行储蓄资产分析

我国农村居民生活水平不断提升,收入与消费逐年递增,作为其家庭资产重要组成部分的银行储蓄存款也日渐丰盈。以下对我国农村居民储蓄及其与消费和收入的关系进行特征描述。

3.1.1 农村居民人均储蓄存款增长迅速

图3—1和图3—2反映了1990年代以来中国农村居民人均银行储蓄存款余额、人均消费和人均收入及其增长率的变化。

从历年统计数据可以清楚地看出,我国农村居民储蓄存款余额的增长极为迅速。进入1990年代以后,尤其是小平同志"南巡"之后,国民经济增速加快,随着人均收入的不断增长,2001年开始,农村居民人均储蓄存款余额开始超过人均消费。到2014年底,我国农村居民人均名义储蓄存款余额、消费支出和纯收入分别增加到1994年的33倍、8.2倍和8.1倍。考虑到消费与收入皆为流量,而储蓄存款余额为存量,2014年的人均储蓄存款增量也达到了1995年的16.9倍,依然远高于人均消费和人均收入的增长幅度。

农村居民人均储蓄增长之迅速,可从图3—2清楚地看出。在1997年以前由于

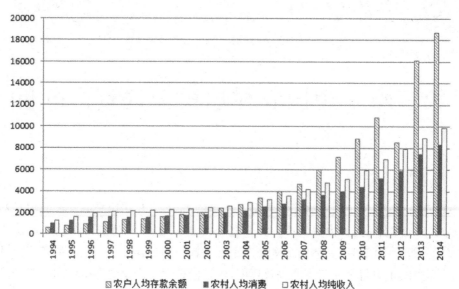

图 3—1　农村居民人均储蓄存款余额、人均消费和收入变化(单位:元)

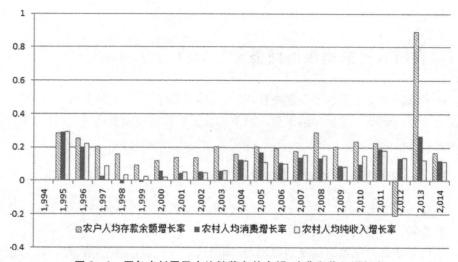

图 3—2　历年农村居民人均储蓄存款余额、消费和收入增长率

基数较小,人均储蓄余额增长率惊人,绝大多数年份都超过了 25%,一半以上年份超过 30%。1998 年以后随着住房、医疗和教育诸项事业改革进程的深入,加之基数的扩大,农村人均储蓄存款增长率有所下降,但仍然保持着较高的水准,除了 2012 年出现波动,在其余年份都高于农村居民人均消费和人均收入增长率。

1998 年以来,"摸着石头过河"的改革开放进入了深水区,我国城乡居民面临的收入和支出的不确定性逐渐加大。任何一项措施的出台,在带来正向经济和社会效益的同时,难免要触动另一部分人的利益。像改革开放之初那样,一项政策出台,各方皆大欢喜的局面已难再现,在不损害任何人福利的情况下进行帕累托改进的余地已越来越小。

一方面,产业结构的调整带来就业存量与结构的变动,短期内可能加重失业的风险。第一产业和第二产业可容纳的就业人数可能不断下降,而第三产业的就业岗位增长缓慢。经济增长方式的转变导致高消耗、高污染、低效益企业的淘汰势在必行,而依赖高新技术的新兴产业本身吸纳劳动力数量比传统产业少,同时因传统产业升级而失去工作的劳动力一时还很难适应高技术产业的要求。这就导致我国城乡居民收入面临较大的不确定性。另一方面,随着我国各项事业改革的深入推进,原先在计划经济体制下虽然微薄但却接近免费的教育、住房、医疗和社会保障制度,在1998年以后逐步显现出对居民支出的巨大压力。与此同时,居民对其支付的各类社保资金能否得到有效监控也心存疑虑,在较为完善的社会保障体系和监督机制建立以前,城乡居民对未来支出的预期也有较大的不确定性。

综上所述,随着我国产业结构的调整和经济增长方式的转变,以及教育、住房、医疗和社会保障等各项事业改革的深入推进,在可以预见的将来,城乡居民,尤其是农村居民将面临收入和支出方面较大的不确定性,因此将倾向于增加储蓄,为未来面临的不确定性预作打算。

3.1.2　城乡居民储蓄存款余额差距不断扩大

随着经济的发展和城市化进程的深入,我国人民生活水平不断提高,以银行储蓄为代表的居民家庭资产日趋殷实。但与此同时,城乡居民人均储蓄存款的差距却在不断拉大。图3—3反映了历年我国城乡居民人均储蓄存款的对比。从图中可以看出,二十年来城乡居民银行储蓄存款的倍数在缩小,但两者的绝对数值差距仍然呈现不断扩大的趋势。

3.1.3　城乡居民平均储蓄倾向波动较大

将各期人均储蓄存款余额减去上期数值,再除以各期收入,可得到各期平均储蓄倾向。

图3—4反映了1995年以来历年城乡居民的平均储蓄倾向的对比,从中可以清楚地看出,1990年代以后直到2009年,城镇居民在多数年份表现出比农村居民更大的平均储蓄倾向,即城镇居民银行储蓄存款余额的变动与当年收入的比值大于农村居民。在某些年份,由于资本市场和房地产市场的影响,城镇居民的平均储蓄倾向表现出更大的波动性,有些年份甚至出现了较大的负值。农村居民的平均储蓄倾向2000年以后逐渐升高,反映出较强的预防性储蓄动机。

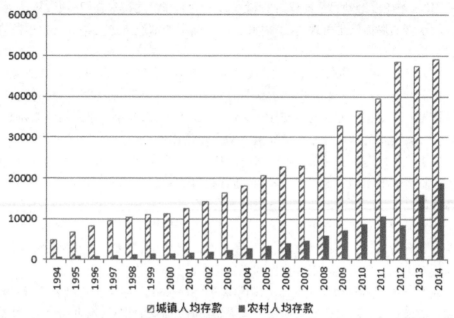

图 3—3　城乡居民人均储蓄存款对比（单位:元）

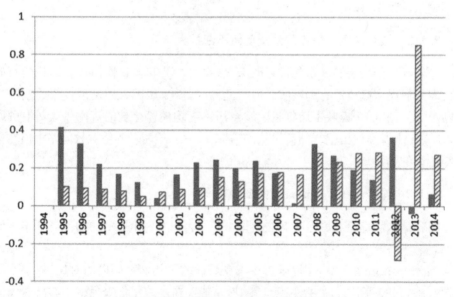

图 3—4　城乡居民平均储蓄倾向对比

3.1.4 城乡居民储蓄存款存在结构上的差异

图 3—5 为 1994 年以来我国城乡居民定期储蓄占各自总存款的百分比。

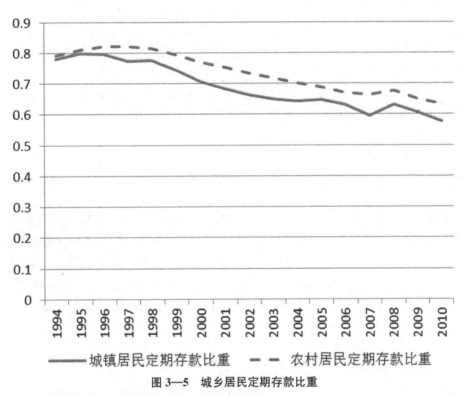

图 3—5 城乡居民定期存款比重

定期储蓄存款占居民储蓄存款的比重,可在一定程度上反映居民的预防性储蓄动机。从中可以看出,农村居民定期存款的百分比一直高于城镇居民,说明农村居民倾向于将更大比例的银行储蓄存款用于应付未来的需要。

3.2 农村居民家庭住房资产分析

农村居民家庭住房资产,是指农村居民宅基地上建筑的用于自住的住宅资产。住房的改善,可通过各种途径提升居民的消费,住房资产增加导致的财富效应是本课题研究的重点。表 3—1 为历年中国农村居民家庭住房情况。

表 3—1　农村居民家庭住房情况

指标		1990	1995	2000	2005	2010	2011	2012
本年新建	面积(m²/人)	0.82	0.78	0.87	0.83	0.80	1.30	0.96
	价值(元/m²)	92.3	200.3	260.2	373.3	673.3	804.5	829.5
住房结构(m²/人)	钢筋混凝土	0.23	0.33	0.47	0.51	0.56	0.92	0.70
	砖木结构	0.47	0.37	0.36	0.29	0.21	0.34	0.24
年末住房	面积(m²/人)	17.8	21.0	24.8	29.7	34.1	36.2	37.1
	价值(元/m²)	44.6	101.6	187.4	267.8	391.7	654.4	681.9
住房结构(m²/人)	钢筋混凝土	1.22	3.10	6.15	11.2	15.1	16.5	17.1
	砖木结构	9.84	11.9	13.6	14.1	15.2	15.9	16.4

数据来源:中国统计年鉴2014。

由表 3—1 可以看出,1990 年代以来,中国农村居民家庭住房情况持续改善,增量方面,每年人均新增面积稳定在 1 平方米左右,其中质量相对优越的钢筋混凝土住房比重由 1990 年的 28%上升到 2012 年的 73%。住房存量方面,人均住房面积由 1990 年的 17.8 平方米增加到 2012 年的 37.1 平方米,22 年翻了一番有余,其中一半以上是钢筋混凝土结构。由于建材价格等的上涨,农村居民家庭住房单价稳步上升,人均住房价值上升到 1990 年的 15 倍。

3.3　农村居民家庭生产性固定资产分析

农村居民家庭生产性固定资产是指农户家庭拥有的用于从事第一、二、三产业的固定资产。生产性固定资产由于用于生产,提供产品和服务形成的销售收入可给居民带来永久性收入预期,从而增加居民消费,理论上可产生较为明显的财富效应。表 3—2 反映了历年中国农村居民家庭生产性固定资产原值。

从表 3—2 可以看出,2000 年以来,中国农村居民家庭生产性固定资产高速增长,2012 年的户均固定资产原值总量增长到 2000 年的 3.6 倍,年均增幅 11.3%,高于同期全国 GDP 平均增速。与此同时,农户家庭生产性固定资产结构提升较为缓慢,第一产业(农业)的比重,从 2000 年的 71%,下降到 2012 年的 67%,第二产业(工业和建筑业)从 2000 年的 7.8%上升到 2012 年的 8.7%,第三产业(交通运输邮电、批发零售餐饮、社会服务和文教卫生)从 2000 年的 18%增加到 2012 年的 23.2%。

表 3—2　农村居民家庭户均生产性固定资产

单位:元

年份	合计	农业	工业	建筑	交通、运输、邮电	批发、零售、餐饮	社会服务	文教卫生	其他
2000	4 677	3 322	335	29	621	149	60	13	148
2001	4 884	3 544	350	28	630	135	50	16	131
2002	5 221	3 741	418	34	662	154	57	20	135
2003	5 586	4 153	346	41	640	202	59	24	122
2004	5 956	4 457	386	53	684	194	60	22	99
2005	7 156	5 179	537	62	863	311	107	43	52
2006	7 647	5 452	578	72	929	378	138	41	58
2007	8 390	6 006	613	97	1 033	368	155	47	71
2008	9 055	6 538	635	93	1 092	398	179	51	70
2009	9 971	6 992	698	156	1 214	491	288	55	77
2010	10 706	7 444	797	187	1 402	543	198	58	77
2011	16 088	10 770	1 012	318	2 295	1 191	226	132	144
2012	16 974	11 406	1 109	361	2 283	1 280	261	121	152

数据来源:历年中国统计年鉴。

第四章　中国农村居民消费分析

4.1　农村居民历年消费总量的变化

总体来看,自改革开放始,尤其是小平同志南巡以来,中国社会蕴藏的生产力得以释放,农村居民收入稳步增长,农村居民消费不断增加。表 4—1 为 1993 年到 2014 年中国农村居民人均收入与消费。

表 4—1　1993~2014 年中国农村居民人均收入与消费

单位:元,%

年份	人均消费	人均消费增长率	人均纯收入	人均纯收入增长率	边际消费倾向	平均消费倾向
1993	770		922			
1994	1 017	32.1	1 221	32.4	82.6	83.3
1995	1 310	28.8	1 578	29.2	82.1	83.0
1996	1 572	20.0	1 926	22.1	75.3	81.6
1997	1 617	2.9	2 090	8.5	27.4	77.4
1998	1 590	−1.7	2 162	3.4	−37.5	73.5
1999	1 577	−0.8	2 210	2.2	−27.1	71.4
2000	1 670	5.9	2 253	1.9	216.3	74.1
2001	1 741	4.3	2 366	5.0	62.8	73.6
2002	1 834	5.3	2 476	4.6	84.5	74.1
2003	1 943	5.9	2 622	5.9	74.7	74.1
2004	2 185	12.5	2 936	12.0	77.1	74.4
2005	2 555	16.9	3 255	10.9	116.0	78.5

续表 4—1

年份	人均消费	人均消费增长率	人均纯收入	人均纯收入增长率	边际消费倾向	平均消费倾向
2006	2 829	10.7	3 587	10.2	82.5	78.9
2007	3 224	14.0	4 140	15.4	71.4	77.9
2008	3 661	13.6	4 761	15.0	70.4	76.9
2009	3 994	9.1	5 153	8.2	84.9	77.5
2010	4 382	9.7	5 919	14.9	50.7	74.0
2011	5 221	19.1	6 977	17.9	79.3	74.8
2012	5 908	13.2	7 917	13.5	73.1	74.6
2013	7 485	26.7	8 896	12.4	161.1	84.1
2014	8 383	12.0	9 892	11.2	90.2	84.7

说明：数据来源于国家统计局网站，2013年及以后数据采用了新的统计口径，其增长率与消费倾向仅供参考。

从表 4—1 可以看出，多年以来中国农村居民消费总体呈不断上升趋势，随着农村居民人均纯收入的增加而不断提升。但农村居民消费增长在不同阶段有快有慢，1993～1996 年期间，引进外资渐入高峰，大量民工进城务工，农村剩余劳动力转移进程加快，城镇化迅速发展，农村居民人均收入增长较快，农村居民人均消费三年内翻了一番，增速惊人。1997～2003，受亚洲金融危机影响，出口形势严峻，为保证人民币汇率的稳定，同时稳定出口，外销商品成本的倒逼机制影响了农民工的收入增长，连续几年农村居民纯收入增长率只有个位数，与此相应，农村居民消费骤降，有些年份甚至出现了消费负增长，边际消费倾向为负数，说明随着收入的增长，居民的储蓄意愿反而大为增强，消费急剧萎缩。2004 年以后，尤其是随着 2006 年免除农业税等一系列惠农支农政策的颁行，农村居民消费增长率重新回到两位数。由此可见，影响农村居民消费的主要因素在于增加其可支配收入以及在此基础上的永久性收入预期。

4.2　农村居民历年消费结构的改善

消费结构按其形态可分为商品消费和服务消费，按具体用途可分为衣、食、住、行、用等，按需求层次可分为生存型消费，包括食品、衣着、居住和家庭设备，和发展型消费，如交通通信、文教娱乐和医疗保健。消费结构的改善，表现为由以商品消费为主逐渐发展为以服务性消费为主，或生存型消费逐渐降低，而发展型消费逐渐上升。中国农村居民家庭历年消费结构变化如表 4—2 所示。

表4—2 中国农村居民家庭历年人均恩格尔系数和消费支出结构

单位：%

年份	恩格尔系数	食品	衣着	居住	家庭设备	交通通信	文教娱乐	医疗保健	其他消费
1995	48.7	58.6	6.9	13.9	5.3	2.6	7.8	3.3	1.8
1996	46.0	56.4	7.3	13.9	5.3	3.0	8.5	3.7	2.0
1997	42.6	55.0	6.7	14.4	5.3	3.3	9.2	3.9	2.1
1998	39.3	53.5	6.2	15.1	5.2	3.8	10.0	4.3	2.1
1999	37.5	52.6	5.8	14.8	5.2	4.4	10.7	4.4	2.2
2000	36.4	49.2	5.7	15.4	4.5	5.6	11.2	5.3	3.2
2001	35.1	47.7	5.7	16.0	4.4	6.3	11.1	5.6	3.2
2002	34.3	46.2	5.7	16.4	4.4	7.0	11.5	5.7	3.2
2003	33.8	45.6	5.7	15.9	4.2	8.4	12.1	6.0	2.2
2004	35.1	47.2	5.5	14.8	4.1	8.8	11.4	6.0	2.2
2005	35.7	45.5	5.8	14.5	4.3	9.6	11.6	6.6	2.2
2006	33.9	43.0	5.9	16.6	4.5	10.2	10.8	6.8	2.2
2007	33.5	43.1	6.0	17.8	4.6	10.2	9.5	6.5	2.3
2008	33.6	43.7	5.8	18.5	4.8	9.8	8.6	6.7	2.1
2009	31.7	41.0	5.8	20.2	5.1	10.1	8.5	7.2	2.1
2010	30.4	41.1	6.0	19.1	5.3	10.5	8.4	7.4	2.1
2011	30.2	40.4	6.5	18.4	5.9	10.5	7.6	8.4	2.3
2012	29.4	39.3	6.7	18.4	5.8	11.1	7.5	8.7	2.5
2013	28.1	40.1	7.0	19.8	6.2	12.8	7.8	9.9	2.8
2014	28.4	33.6	6.1	21.0	6.0	12.1	10.3	9.0	1.9

说明：根据中国统计年鉴历年数据计算。

由表4—2可见，中国农村居民消费结构多年以来呈逐步改善的趋势。其恩格尔系数下降趋势明显。由1995年的48.7%下降到2014年的28.4%，说明农村居民20年间用于食品这一最基本生存需要的支出占其纯收入的比重，由将近一半降到不足三分之一，这是国际通行的衡量发展中国家逐渐脱贫的首要指标。从具体的消费结构看，农村居民全部消费支出中用于食品的支出比例，也从1995年的接近六成，缓慢下降到2014年的三分之一，食品、衣着、居住和家庭设备这些生存型消费的比重，从1995年的

84.7％,下降到 2014 年的 66.7％,交通通信、文教娱乐和医疗保健类发展型消费的比重,从 1995 年的 13.7％上升到 2014 年的 31.4％,消费结构改善较为明显。

4.3　农村居民消费的地区差异

中国农村居民消费的总量与结构与各地区经济发展的水平密切相关。表 4—3 为 2014 年各地区农村居民家庭人均消费。

由表 4—3 可以看出,消费总量方面人均消费过万元的是京津地区和东部沿海发达省份,其余超过全国平均水平的除内蒙古外,只有湖北和湖南这两个中部传统较发达省份,人均消费低于 7000 元的主要集中于西部地区。安徽农村居民人均消费 7981 是中位数,各地区都有低于中位数的省份,主要集中在中西部地区。

表 4—3　2014 年中国各地区农村居民家庭人均消费总量与结构

单位:元,％

地区		消费总支出	食品烟酒	衣着	居住	生活用品	交通通信	教育文娱	医疗保健	其他消费
全国		8 383	33.6	6.1	21.0	6.0	12.1	10.3	9.0	1.9
华北	北京	14 535	27.8	6.3	30.0	6.8	12.5	7.5	7.5	1.5
	天津	13 739	31.4	7.4	23.3	6.5	14.4	7.6	7.1	2.3
	河北	8 248	29.4	7.1	22.5	6.2	13.9	9.2	9.6	2.2
	山西	6 992	29.4	7.7	21.2	4.9	10.1	13.3	11.0	2.4
	内蒙古	9 972	30.5	7.3	16.8	4.3	14.7	13.2	11.2	2.0
东北	辽宁	7 801	28.3	6.8	19.1	4.3	13.5	13.0	13.2	1.8
	吉林	8 140	29.6	6.8	20.3	4.4	11.4	12.8	12.4	2.3
	黑龙江	7 830	28.2	7.6	20.5	4.4	12.3	12.6	12.7	1.7
华东	上海	14 820	36.0	5.8	24.4	4.7	12.4	5.3	9.0	2.6
	江苏	11 820	31.4	6.1	20.9	6.1	15.1	10.3	7.2	2.7
	浙江	14 498	31.9	6.1	22.8	5.1	15.6	9.3	7.4	1.9
	安徽	7 981	35.6	5.9	21.1	6.2	10.2	9.2	9.8	1.9
	福建	11 056	38.2	5.2	23.6	5.8	9.9	8.5	6.7	2.1
	江西	7 548	36.5	5.0	24.9	5.4	10.1	9.4	7.0	1.7
	山东	7 962	31.0	6.1	19.4	6.6	15.4	10.1	9.8	1.7

续表 4—3

地区		消费总支出	食品烟酒	衣着	居住	生活用品	交通通信	教育文娱	医疗保健	其他消费
中南	河南	7 277	29.6	8.3	21.2	7.0	11.8	10.4	10.1	1.7
	湖北	8 681	31.4	5.7	22.4	6.6	9.4	11.6	10.5	2.4
	湖南	9 025	34.3	5.2	22.0	6.0	9.7	12.3	8.5	2.0
	广东	10 043	39.5	3.3	22.3	6.0	10.6	9.1	6.8	2.3
	广西	6 675	36.9	3.1	23.2	5.9	10.6	10.2	8.3	1.7
	海南	7 029	43.2	3.5	18.9	5.6	9.4	10.8	6.5	2.1
西南	重庆	7 983	40.5	6.1	16.2	7.1	9.8	10.1	8.5	1.7
	四川	8 301	39.7	6.6	17.9	7.6	10.7	7.2	8.7	1.6
	贵州	5 970	37.2	5.7	20.1	5.9	10.7	12.5	6.2	1.5
	云南	6 030	35.6	4.4	19.0	6.0	14.2	11.0	8.5	1.2
	西藏	4 822	52.6	9.5	14.3	5.2	10.7	2.7	1.9	3.1
西北	陕西	7 252	29.1	6.3	22.4	6.1	9.5	12.4	12.2	1.9
	甘肃	6 148	34.9	6.7	17.6	6.2	11.9	12.3	8.9	1.6
	青海	8 235	31.9	7.5	17.2	5.9	16.9	7.4	11.5	1.7
	宁夏	7 676	29.9	7.8	18.1	6.5	12.5	11.3	11.2	2.7
	新疆	7 365	34.5	8.8	19.2	4.6	13.7	8.2	9.7	1.3

数据来源:2015 年中国统计年鉴。

消费结构方面,由于 2013 年开始调整了统计口径,除个别省份如西藏外,多数发达省份与欠发达省份无明显差异,消费水平最高的省份分组与最低的省份分组,在消费水平总量上相差较大,但在消费结构上较为接近。而从表 4—4 的 2012 年按高中低消费分组的农村居民消费结构情况看,高消费地区的生存型消费明显低于低消费地区,发展型消费情况相反。

表 4—4　2012 年按消费分组的各地区农村居民消费结构

高消费地区			中高消费地区			中低消费地区			低消费地区		
省份	生存型	发展型	省份	生存型	发展型	省份	生存型	发展型	省份	生存型	发展型
上海	0.67	0.31	山东	0.68	0.31	安徽	0.72	0.25	河南	0.71	0.27
北京	0.66	0.31	内蒙古	0.66	0.32	四川	0.74	0.24	重庆	0.71	0.27
浙江	0.68	0.30	吉林	0.62	0.35	河北	0.69	0.28	广西	0.75	0.22

续表 4—4

	高消费地区			中高消费地区			中低消费地区			低消费地区	
省份	生存型	发展型	省份	生存型	发展型	省份	生存型	发展型	省份	生存型	发展型
江苏	0.62	0.35	辽宁	0.67	0.30	宁夏	0.69	0.28	海南	0.76	0.21
天津	0.66	0.31	湖南	0.74	0.23	青海	0.70	0.28	云南	0.74	0.25
广东	0.74	0.22	湖北	0.71	0.26	新疆	0.72	0.26	甘肃	0.70	0.28
福建	0.74	0.24	黑龙江	0.65	0.32	江西	0.74	0.24	贵州	0.75	0.23
			山西	0.68	0.29	陕西	0.67	0.31	西藏	0.81	0.16
平均	0.68	0.29	平均	0.67	0.297	平均	0.71	0.27	平均	0.74	0.24

数据说明:根据2013年中国统计年鉴计算。

4.4 居民消费的城乡对比分析

多年来我国经济社会呈现城乡二元结构的格局,城乡差距在居民消费水平和结构上表现尤为明显。由表4—5可见,经过最近十几年的发展,从消费总量水平看,城乡居民人均消费总支出仍然差距巨大,差距最大的年份达到三倍有余,经过近年城乡一体化建设的快速推进,城乡居民消费水平的差距有所减小,但与1998年相比,仍然进步有限。

从消费结构上看,城乡居民消费差距逐渐缩小。1998年城镇居民人均食品消费占总消费的比重为44%,农村居民为66%,到2014年,城镇居民为这一比重为30%,农村居民食品消费占比也降低到33%,进步明显。1998年城镇居民生存型消费占比为73%,农村居民生存型消费占比为79%,发展型消费中,城镇居民占比22%,农村居民这一比例为18%。到2014年,城镇居民生存型消费占比为66%,农村居民生存型消费占比也为66%,发展型消费上,城镇居民占比30%,农村居民占比为31%。可见,尽管在人均消费总量上城乡居民仍然差距巨大,但在消费结构上,农村居民消费改善较为明显,城乡差距在缩小。

表 4—5 1998～2014 中国城乡居民人均消费水平与结构对比

单位:元,倍

年份		总消费	食品	衣着	居住	生活用品	交通通信	教育文娱	医疗保健	其他消费
1998	城镇	4 331	1 927	481	408	357	257	499	205	197
	农村	1 590	850	98	240	82	61	159	68	33
	倍数	2.72	2.27	4.91	1.70	4.35	4.21	3.14	3.01	5.97

续表 4—5

年份		总消费	食品	衣着	居住	生活用品	交通通信	教育文娱	医疗保健	其他消费
2002	城镇	6 030	2 272	591	624	389	626	902	430	196
	农村	1 834	848	105	300	80	129	210	103	58
	倍数	3.29	2.68	5.63	2.08	4.86	4.85	4.30	4.17	3.38
2006	城镇	8 697	3 112	902	904	498	1 147	1 203	621	309
	农村	2 829	1 217	168	469	127	289	305	192	63
	倍数	3.07	2.56	5.37	1.93	3.92	3.97	3.94	3.23	4.90
2010	城镇	13 471	4 805	1 444	1 332	908	1 984	1 628	872	499
	农村	4 381	1 801	264	835	234	461	367	326	94
	倍数	3.07	2.67	5.47	1.60	3.88	4.30	4.44	2.67	5.31
2014	城镇	19 968	6 000	1 627	4 490	1 233	2 637	2 142	1 306	533
	农村	8 383	2 814	510	1 763	507	1 013	860	754	163
	倍数	2.38	2.13	3.19	2.55	2.43	2.60	2.49	1.73	3.27

数据来源:中国统计年鉴。

第五章 中国普惠金融的发展

5.1 中国农村地区的金融排斥

农业经济的快速发展,推动了社会主义新农村的建设,进而在国家加大农村金融改革的基础上促进了农村金融的发展,全国各地逐渐形成多方参与且具有竞争机制的农村金融体系,金融服务在农村经济中的贡献度越来越大。然而,受多种因素的影响,中国各地农村仍然普遍存在金融排斥现象,金融服务不但缺乏广度与深度,且与城市地区相比差距较大。本节将基于农村金融发展的现实统计数据描述金融排斥现状。

5.1.1 中国农村金融排斥状况分析

金融排斥的分析维度,包括地理排斥、评估排斥、条件排斥、营销排斥和自我排斥五方面。以下从这五个维度探讨中国农村金融排斥的状况。

（1）地理排斥

考虑被排斥群体和金融机构间的交易成本,地理排斥一般是指人们接近金融机构的难易程度,我们可以通过中国农村各省金融机构营业网点的分布情况来分析农村金融地理排斥的状况。

表5—1 农村地区金融机构营业网点分布

单位:家

地区	合计	每万人网点数	邮政储蓄银行	农村信用社	农业银行	其他银行机构网点	股份制商业银行
北京	152	0.6	30	0	19	103	0
天津	321	0.9	55	134	67	65	0
河北	6 838	1.3	1 000	4 210	610	1 018	0

续表 5—1

地区	合计	每万人网点数	邮政储蓄银行	农村信用社	农业银行	其他银行机构网点	股份制商业银行
山西	3 826	1.8	700	2 180	277	669	0
内蒙古	2 998	2.2	371	1 583	300	741	3
辽宁	3 630	1.7	902	1 582	435	709	2
吉林	2 848	2.2	731	1 293	346	478	0
黑龙江	3 334	1.7	870	1 486	479	499	0
上海	117	0.7	42	0	27	48	0
江苏	5 883	1.4	1 484	1 435	789	2 146	29
浙江	5 337	1.8	1 004	1 405	576	2 321	31
安徽	4 281	0.9	1 006	2 298	477	499	1
福建	3 160	1.3	575	1 270	466	811	38
江西	4 125	1.3	1 006	1 937	459	714	9
山东	7 803	1.2	1 985	3 289	971	1 518	40
河南	7 701	1.1	1 665	4 413	762	852	9
湖北	3 404	1.0	899	1 488	467	550	0
湖南	6 007	1.2	1 470	3 254	501	782	0
广东	6 601	1.6	1 023	3 478	607	1 370	123
广西	2 920	0.8	600	1 601	445	274	0
海南	823	1.6	253	300	113	145	12
四川	8 098	1.2	2 014	4 470	766	848	0
贵州	2 833	0.9	504	1 545	288	496	0
云南	3 422	1.0	600	1 783	482	557	0
西藏	466	2.1	17	0	445	2	2
陕西	3 402	1.3	707	1 999	317	379	0
甘肃	2 387	1.2	288	1 520	350	220	9
青海	600	1.8	84	310	97	105	4
宁夏	433	1.2	60	199	101	69	4
新疆	2 547	2.4	490	1 056	498	503	0
重庆	2 011	0.9	719	915	167	210	0

数据来源:银监会官网中国银行业农村金融服务分布图集(2012)。

　　考察金融机构网点覆盖密度的指标一般是每万人拥有的网点数,从表5—1的总量数据来看,中国农村地区平均每万人只拥有1.36个营业网点,可见中国农村地区金融机构网点覆盖率普遍偏低。一般的直觉告诉我们,经济相对发达的地区在金融机构的数量和密集度上应该占优势,但是从具体的地区结构来看,经济最发达的京津沪地区,由于聚集了特别众多的外来人口,其中包含数量巨大的农村人口,导致其农村地区地区每万人金融机构数量特别低,而经济发展水平在中国排名末尾的青海、西藏等地区,由于人口数量较少,该指标反而名列前茅。所以,我们还需要从其他方面考察农村地区金融排斥现象。

农村金融机构网点占全国百分比

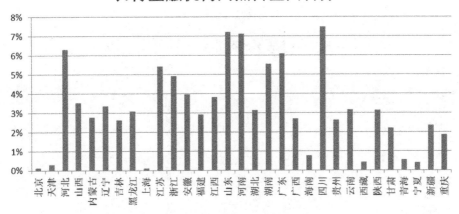

■农村金融机构网点占全国百分比

图5—1　各省农村金融机构网点占全国百分比

　　图5—1显示的是各省份农村地区金融网点数占全国百分比。从中我们可以明显看出,各省农村地区所占有的金融资源差异较大。从具体的省份来看,四川这一比例高达7.48%,山东、河南次之。除了直辖市之外,宁夏、青海、西藏和海南的金融机构占全国的比例不到1%,排在末位。可见目前中国农村地区金融机构的分布是十分不均匀的。

　　从农村金融机构的构成来看,图5—2和图5—3分别反映了农村信用社占金融网点总数的比例和各省股份制商业银行的数目。从图上我们可以明显看出,除了北京、上海、江苏、浙江和西藏以外,其余各省农村信用社的数量都超过金融机构总数的35%,可见农村金融的供给主体依然是农村信用社,农村金融体系构成较为单一。观察股份制商业银行的分布情况,可以发现农村地区的股份制商业银行只集中在江苏、浙江、福建、山东、广东等经济较为发达的省份,中国大部分农村地区缺少其他大型的正规金融机构。

　　由上述现状我们可以得出的结论是:中国农村地区存在明显的金融排斥现象,人

农信社占各地农村金融机构网点总数百分比

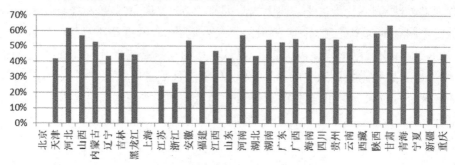

■农信社占各地农村金融机构网点总数百分比

图5—2　农村信用社数占金融机构网点总数比例

各地农村股份制商业银行网点数

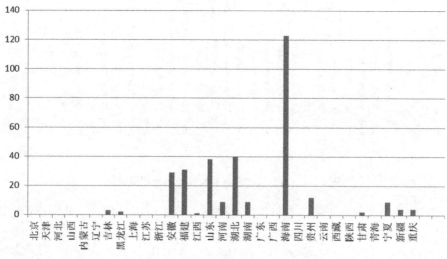

■各地农村股份制商业银行网点数

图5—3　各地农村股份制商业银行网点数

均占有量低,全国范围内金融资源分布极度不均匀。综合来说,经济发展水平较落后的地区金融排斥现象越严重;中国农村金融体系构成单一,缺乏多元化,农村信用社依然是农村金融的供给主力;商业银行更倾向于在经济发达的东南沿海地带开设分支机构,而忽略其他省份的农村地区。事实上,金融业作为新兴服务行业,集中度往往比制造业、商业更大,更容易出现聚集现象[①]:一个地区的金融机构越多,基础设施

---

①　李钊,王舒健.金融聚集理论与中国区域金融发展差异的聚类分析[J].金融理论与实践,2009(2):40—44.

越完善,人力资本越丰富,当地金融文化氛围越好、居民金融素养越高,金融机构就越倾向于在这一地区选址,进而形成金融聚集;相反那些被排斥的地区由于金融发展程度严重不足,难以获得满足区域经济发展的资本支持,容易长期、持续地被隔离在金融服务体系之外,导致贫困的恶性循环,进而形成马太效应。虽然国外的部分研究表明,金融机构的地理性对金融排斥的影响随着电子信息技术的发展在逐渐削弱,然而从中国农村的实际情况考虑,电子信息技术远远没有达到普及的程度,农村地区的居民更偏向面对面交流。为了更好地把握金融市场动态,及时获取很多准确的非标准化的信息,大部分金融活动参与者需要亲临金融活动的现场。因此,地理性排斥仍然是中国农村地区金融排斥的重要原因之一。

（2）评估排斥

中国农村地区金融机构的经营风险要高于城市,这是由农村地区经济发展较为落后,缺乏完善的信用体系等原因造成的。为加强风险控制,金融机构加强了贷款发放过程中的评估手续和力度,以减少不良贷款发生的概率。具体的手段有:受理贷款之后,通过客户信息审核和实地调查等方法确认客户资格,然后进行风险评估,评估通过以后提交多部门联合审批,最后才能发放贷款。由于农村地区信用体系不完善,农户相关信息零碎分散,缺乏系统的信用记录,因而接受调查和评估的周期相对较长,一些急用资金的农户就会转而向非正规金融机构借款,而放弃正规金融机构的贷款机会。

各大金融机构对借款人的评估标准一般都有包含借款人的收入、职业、个人或家庭资产、担保条件、信用记录等。金融机构在行业竞争和发展的压力下,为了降低经营成本和潜在风险,深化了风险控制意识,逐步建立起完善的风险控制体系。农业相较于其他产业来说是弱质产业,有着较大的自然风险和市场风险,农户的各方面条件无法满足金融机构的评估标准,自然而然被金融机构的评估手续排斥在外。此外,农户小额、短期的贷款需求不符合金融机构的盈利需求,为了不增加运营成本,金融机构主观上也不愿过多地贷款给农户,这就加大了农村经济主体获得主流金融服务的难度,形成严重的评估排斥。

在一个关于温州农村非正规金融需求的调查中发现,相较于农户在非正规金融机构的几乎无需等待的贷款时间,在正规金融机构中只有 8% 的农户无需等待,而等待时间最多的长达一个月[①]。这就是由于复杂的评估程序而造成评估排斥的表现。

（3）条件排斥

金融机构在它所提供的金融服务上附加了一些条件,只有满足条件的客户才能

---

① 钱水土,陆会.农村非正规金融的发展与农户融资行为研究——基于温州农村地区的调查分析[J].金融研究,2008(10):174—186.

享用该项金融服务,而这些条件对于某些经济主体来说是难以满足的,例如只有某些盈利状况好的企业才能获得银行的授信服务。一般来说,农村地区需求最高的金融服务是贷款,然而部分农户特别是贫困地区的农户不能满足金融机构对贷款条件的要求,例如家庭资产总数和信用评价等,因此被金融服务排斥在外,并且这种状况一般是持续的、重复的过程。除了贷款之外,一些金融产品也存在条件排斥的情况,如股票、基金的最低购买限额,保险入保的限制条件。广大农村弱势群体往往被这些条件所排斥。

根据英国金融服务局(FSA,2000)的调查,将这些潜在客户排斥在外的大多是信贷类产品。在中国农村地区,金融机构可以提供的最主要的贷款方式是担保贷款。然而由于农村商品二级市场不健全,抵押品流动性不足,大多数农户不被认为具有可抵押的财产,更无法提供相应的证明。从2010年山东省一项关于农村信贷担保现状的调查数据看,国有出让用地作为农信社认可的传统不动产项目在全部担保物中占94%,其余的抵押担保物如机器设备等动产仅占5.6%,质押权只占微小的一部分。因此,担保物种类的单一不利于农户积极参与贷款[①]。在保证贷款方面,由于农村地区的金融机构并没有建立起全面的、系统的个人信用档案,看似要求较低的准入条件背后是对于担保责任的严格规定,大多数有贷款需求的农户很难找到符合条件的担保人,而具备担保资格的农户相对于担保贷款来说,更愿意把资金投入高利息的民间借贷渠道。在这些因素的共同作用下,条件排斥由此形成,对农村地区广大有金融需求的经济主体来说,不能满足金融服务所附属的基本条件,也就更不可能进入评估程序。

考虑另外一个指标——各省农村地区人均贷款余额,根据各年金融统计年鉴中的可得数据,我们可以计算得到,该指标在地区间的差异巨大。总体来说北京、上海、天津、浙江、广东、江苏的农村地区人均贷款余额远远超过中西部省份的农村地区,这与各地区个人信用体系的完善程度有很大关系。

近年来,为了改善金融排斥的状况,我国农村地区的金融机构开始尝试一些新型贷款形式,如联保贷款或小组贷款。以中国邮政储蓄银行和农村信用社推出的五户联保为例,这种担保模式具有无需抵押的特点,五个担保农户之间负有连带责任。这种贷款形式在一定程度上促进了小农户、小商户的发展,但它也有一些限制条件,就是参加联保的农户要有类似的经济背景和还贷能力,而且要同时有相应额度的贷款需求。可见,虽然在政府的引导下农村金融部门采取了一些新的信贷政策来扶持农村信贷的发展,但条件排斥依然存在。

---

① 法文宗.农村信贷担保的现状及完善对策——山东省青州市东夏镇农村信贷调查[J].林业经济,2010(7):59—63.

（4）营销排斥

营销排斥是指主流金融机构运用歧视性的营销策略，在营销过程中选择性地忽视部分群体需求的状况。随着我国正规金融机构的商业化，金融机构在追求利润最大化的同时越发倾向于把农村地区的金融需求排斥在金融产品营销体系之外，撤并农村地区低效益的金融机构分支，减少低利润的农村金融产品，而把服务对象定位成更有价值的富裕客户，提供更有针对性、细分程度更高的金融服务。营销的场所是金融机构网点，而营销工作需要大量工作人员来完成，所以我们可以从农村地区金融从业人员的规模上综合考虑中国农村的营销排斥状况。

农村每万人金融机构从业人员数

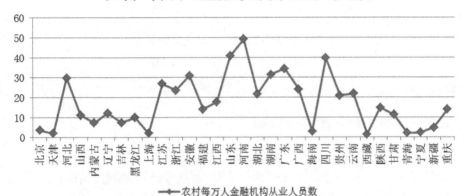

—◆— 农村每万人金融机构从业人员数

图 5—4　各省农村地区每万人拥有的金融从业人员数

数据来源：中国统计年鉴、银监会农村金融服务分布图集。

由图 5—4 我们可以看出，截至 2012 年末，全国各省市自治区每万人拥有的金融从业人员数量偏少，其中京津沪地区由于巨大的农村外来人口，老少边穷地区由于经济发展水平的限制，导致其农村地区存在最严重的营销排斥。

（5）自我排斥

自我排斥是客户自认为难以获得金融服务或认为自己不具有享有金融服务的能力而主动把自己排斥在主流金融服务之外的现象。中国农村金融的自我排斥是从需求角度来考虑的，主要原因是中国农村居民普遍缺乏金融知识和金融认知能力，使得农户无法理解金融服务的内涵与价值，或者由于保守的生活习俗，农户主观上不愿接受金融产品，故而主动放弃接近金融服务。由于农村地区的通识教育水平能在一定程度上代表农户金融知识的普及程度，故本节选取不识字或者识字很少的人占农村居民的比例来观察自我排斥现象。在图 5—5 中，各省农村居民 15 岁以上人口中文盲比例的城乡差别，农村文盲比例明显高于城镇地区，可见中国农村地区的自我排斥情况较为严重。

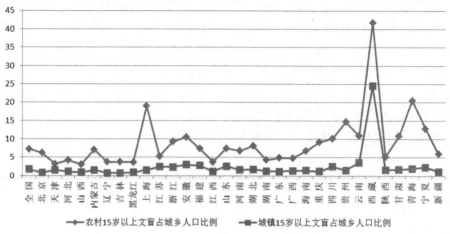

图5—5　各省农户金融知识情况

数据来源：中国劳动和就业统计年鉴2014。

5.1.2　中国农村金融排斥的原因

（1）农村经济基础薄弱

众所周知，金融和经济是相互促进的关系，金融是经济发展的动力，经济为金融的发展提供了基础环境。中国农村目前仍然以自给自足的小农经济为主，农业增长主要依靠土地和化肥的投入，属于传统的农业发展阶段，因此中国农村生产力低下，经济发展先天不足，面临着极大的不稳定性与高风险性，以农业生产为支撑的经济相对脆弱，不利于为金融提供优质的发展环境，也使得金融机构不愿过多地介入农村地区，形成金融排斥。

目前我国农业生产所面临的主要风险有两类：自然风险和市场风险。自然风险是指天气等非人为要素，如寒冷、干旱、洪涝等对农产品产量和质量造成的不确定性。我国幅员辽阔，地理形态复杂，自然资源分布的不均匀和频发的自然灾害使农业经济面临巨大的自然风险。市场风险包括投入品价格风险和产出品价格风险，这主要是于由社会、政治等因素的影响最终体现在市场的变化上而造成的。各种市场风险和自然风险因素的存在，决定了农业生产的脆弱性，也使得我国农村地区经济发展水平长期落后。

农村地区薄弱的经济基础势必对农户的经济状况产生影响。农户在落后地区的个人和家庭经济收入往往十分有限，从而难以满足金融产品的附属条件和营销策略，或者因自身经济状况主动放弃享受金融产品，进而产生金融排斥。农村由于经济落后造成的基础设施不健全，也会在一定程度上影响金融机构的进入。

（2）农村金融环境恶劣

中国农村地区存在巨大的金融需求,但金融环境相对恶劣,金融体制方面存在很多漏洞。这些漏洞具体体现为:金融资源分配不均和缺乏科学的征信系统等。

通过本章对中国农村地区金融排斥现状的分析,我们可以看出目前中国农村的金融资源分配是不均匀的。经济发达的东部地区集中了全国绝大多数的金融资源,以人均金融资源反映的金融发展程度较高,而广大的中西地区这些欠发达地区金融资源较为稀缺。由于金融行业的聚集性,金融资源越是密集的地区越能得到更多金融机构的青睐,而金融资源越是贫瘠的地区就越被排斥在主流金融服务之外,形成恶性循环。这种金融资源的分布不均会使我国区域经济发展不平衡,在一定程度上制约宏观经济的发展。

农村征信系统不健全主要有以下几个原因:第一,农村经济基础薄弱,信用交易不发达,不利于构建完善系统的征信体系。第二,信用环境欠佳,农村信用主体缺乏守信意识,农村金融机构对征信数据的使用不够重视,没有意识到建立征信系统的意义和作用。第三,农村征信建设受重视不够,投入不足。第四,政府和社会公众对征信立法的宣传和投入不足,征信法律法规制定滞后,使征信建设无法可依,农村征信体系建设缺少法制基础。滞后的农村征信体系建设,不利于"三农"的发展和农村地区经济金融的可持续增长。此外,征信系统的漏洞也不利于建设完善的失信惩罚机制。失信惩罚机制依托于征信数据库,以美国为例,凭借公民的社会安全号就可以在信用公司的数据库里查询到公民的一切纳税、犯罪等信息,根据信用得分的等级,有着不同程度的信用惩罚机制,例如不给予信用破产的经济主体任何贷款的机会等。目前,中国人民银行已经开始逐步建立征信中心系统,网络查询个人信用报告的试点工作正在展开,截至 2013 年 10 月 28 日,已经有江苏、四川、重庆、北京等 9 省(市)开启了网络查询本人信用报告的服务,说明我国的征信建设已经走上轨道。然而,由于中国幅员辽阔、人口众多,征信系统在全国特别是农村地区内的完善还需政府和金融机构的共同努力,大力改善农村地区恶劣的金融环境才能为金融机构的存在及发展提供坚实的保障。

（3）农村教育水平与地理特征的影响

教育水平对金融排斥的影响是显而易见的,教育水平对经济和金融的发展都起着关键作用。良好的教育能够提高居民的认知水平,增强居民的理解能力,提高居民对金融知识的兴趣,从而促进金融知识在农村的传播;教育可以使居民更容易接受新鲜事物,提高农村家庭的整体金融素质,增强对金融创新的认可和支持。从中国农村地区现阶段的教育水平来看,不论是从教育的广度还是深度上都较为落后,尤其是偏远的农村,尚未普及最基础的通识教育,抑制了金融知识的传播和扩散;偏远地区的教育缺失使农户无法摆脱传统落后思想的影响,使他们游离在金融系统之外,无法接近金融产品,造成自我排斥现象。

地理特征对中国农村金融排斥的影响主要表现在中西部地区上,我国中西部地区多处于偏远的深山老林中,或者生存条件恶劣的荒漠区域,金融机构作为现代经济主体的发展前沿,容易忽略偏远地区的金融供给,形成金融荒漠;另外,偏远地区的农户离金融机构的距离大,农户金融可及性低,他们在市场交易中为减少成本自然选择非金融手段的交易方式,从而形成地理性金融排斥。

(4)城乡贫富差距逐年扩大

作为社会排斥的一个方面,城乡贫富差距也是导致中国农村地区金融排斥的原因之一。我国农村地区不论是从经济金融的发展水平、居民收入还是消费能力都远不如城市地区。从历年我国城乡地区居民人均纯收入及差额情况来看,虽然城市和农村地区居民人均纯收入在逐年增加,但同样在扩大的也有城乡居民人均纯收入的差额。

此外,多年以来农村居民家庭的恩格尔系数一直大于城市居民家庭的恩格尔系数,这说明除城乡居民人均收入上的差异之外,城市居民家庭的生活水平也远高于农村地区。中国城市和农村之间如此巨大的贫富差距是在很多因素的共同作用下产生的。新中国成立以下,中国长期实行工业化政策导向,使许多资源都向城市集中。改革开放之前,国家采取工农产品剪刀差这种不等价交换的方法优先发展工业,过大的差额却不利于农业的发展;改革开放之后,国家为了支持工业化和城市化的发展,从农村向城市输送了大量廉价劳动力和资源,但工业并没有及时地很好地反哺农业,导致城乡差距扩大[①]。此外,计划经济时代所遗留下来的体制性缺陷、各种城市偏向政策和城乡教育之间的差距等等都在一定程度上阻碍了农村经济的增长。城乡的贫富差距会使以盈利性为核心的金融机构将机构网点分支更多地设置在能带来更高利润的城市地区,金融资源更多地流入城市,加剧了农村地区的金融排斥状况。同时,金融排斥所具有的贫困放大效应又会在一定程度上反过来加剧城乡收入差距,加剧社会排斥现象。

5.2　中国普惠金融发展水平的空间分布与时序演化分析

普惠金融(Inclusive Finance)是联合国于2005年开展"国际小额信贷年"活动时提出的金融新概念。旨在公平、高效地为各地区、各层次人群提供优质金融服务,合理分配金融资源,促进经济社会均衡协调发展。人类以往数十年的实践经验表明,构

---

① 杜江,刘渝.农业经济增长因素分析:物质资本,人力资本,还是对外贸易?[J].南开经济研究,2010(3):73—89.

建一个在广度上惠及全体居民,深度上覆盖最边远地区人口的普惠金融体系,可在消除贫困,提高弱势人群的教育和医疗水平,改善人权,促进基础设施建设等方面发挥十分明显的积极作用。因此联合国将发展普惠金融作为实现其"千年发展目标"的重要推手。2013 年十八届三中全会通过的《中共中央关于深化改革若干重大问题的决定》中,也明确了"发展普惠金融"的要求,为普惠金融的发展提供了有力的政策支持。

近年来,在国家相关政策的强力推动和社会各方共同努力下,中国普惠金融的发展取得了长足的进步。但是作为一个发展中的大国,中国各地区的经济基础和资源禀赋极不均衡,普惠金融发展存在较大的地区差异,且在不同时间段各地区也呈现不同的变化态势,金融服务对弱势群体和小微企业的扶持力度与实际效果参差不齐。因此,测度中国各地区普惠金融的发展水平,分析普惠金融服务的空间分布特征和时序演化规律,有助于探求影响中国普惠金融发展的主要因素,可为各级政府和金融管理部门制定相关经济金融政策提供实证依据。

5.2.1　关于普惠金融发展水平测度的文献回顾

对于普惠金融发展程度的定量评价方法,国外学者尝试了各种方法,目前尚未形成统一的指标体系。Beck 等(2007)提出普惠金融测度的八个指标,即每百万人和每百平方公里 ATM 机数、每万人和每百平方公里金融机构网点数、人均存款额与人均GDP 比值、人均贷款额与人均 GDP 比值、每千人储蓄账户数、每千人贷款账户数,并使用问卷调查得到的 99 个国家 2003～2004 年各指标数据进行了实证分析。Sarma(2008)参考联合国构建人类发展指数(HDI)的方法,选取与普惠金融发展相关性较大的经济与金融发展指标,即银行服务渗透程度、金融服务的可获得性和金融服务的使用情况三个方面的指标,构建了普惠金融指数(Inclusive Financial Index, IFI)。Honohan(2008)针对入户调查数据比较齐备和相对匮乏的国家,提出了金融普惠程度的综合评价方法,以便于国际比较。Gupte 等(2012)的研究侧重金融基础设施建设,选取了金融机构网点数量、金融机构账户数量和金融基础设施(ATM 机等)的数量作为衡量标准。Godwin(2013)为增加同一指标在不同国家的可比性,建立了一个简化的评价指标体系,主要用每 10 万平方公里银行机构数,存款余额 GDP 占比和贷款余额 GDP 占比衡量金融普惠程度。Demirgüc and Klapper(2013)在研究 148 个国家的金融普惠程度时,使用了人均信用卡活卡持有量、银行账户数和银行存款额三个指标作为主要衡量标准。而这三个指标也同样被 Fungácová 和 Weill(2014)用于测评中国的普惠金融发展水平。Goran 等(2014)根据世界银行 2014《全球金融发展报告》中对金融排斥(financial exclusion,金融普惠的反义词)的最新定义,提出了四个方面的指标用于对各国普惠金融发展指数进行因子分析,包括每千平方公里 ATM 机数量、每千平方公里其他存款公司(ODCₛ,Other Depository Corporations,含商业银行和吸收存款的微型金融机构等)、每千个成年人中在 ODC_s 存款的家庭居民存款者人数和每千个成年人中在 ODC_s 借款的家庭居民借款者人数。

国内学者对普惠金融的研究工作着力甚多,在普惠金融的政策环境、实施条件、需求主体和供给状况等方面的理论研究取得了一系列研究成果。在中国普惠金融发展水平的测度方面,也取得了一定进展,如孙鳌和李凌云(2011)用 RFIS 层次分析法研究农村金融覆盖程度,建立定性和定量模型,对我国各省农村金融覆盖面进行了整体评价。王婧和胡国辉(2013)用变异系数法确定权重,构建我国 2002~2011 年的普惠金融指数并进行了总体评价。刘明等(2014)也使用变异系数法对山东省普惠金融发展情况进行了实证研究。杜朝运和李滨(2015)沿用 Beck 等(2007)提出的普惠金融测度指标体系,用因子分析法得出 2013 年我国各省普惠金融得分并进行了比较研究。

国内外学者在普惠金融的理论研究方面取得了丰硕的成果,在普惠金融发展水平的评价方法上,目前的研究着重探讨评价指标体系的构建。在中国普惠金融发展水平的实际计量方面,已有的研究工作侧重于在时间序列上对某一局部省份,或者在某一时间截面上对全国进行分省测度。本书在前人工作的基础上,首次以中国 31 个省级行政区划的 11 个指标 2004 到 2014 年的面板数据为样本,试图在一个较为宽广的空间范围和较长的演化时期内,对中国各地区普惠金融的发展水平进行因子分析,并在此基础上进行空间分布特征和时序演化规律的研究,以期发现影响中国普惠金融发展的主要因素,并深入研究各因素的作用机制。

5.2.2 中国各省级行政区域普惠金融发展水平因子分析

(1)评价方法

如前文所述,目前国内外主流的普惠金融发展水平评价方法有层次分析法、变异系数权重法和因子分析法等。由于因子分析法可以不受变量量纲的影响,且可以通过降维的方法提取研究对象的关键信息,因此本书选用因子分析法来构建普惠金融发展水平评价指标。

因子分析法是把各原始变量表述为:

$$X_i = \sum_{j=1}^{q} a_{ij} f_j + e_i, \quad i = 1, 2, \cdots, p, \quad j = 1, 2, \cdots, q \qquad (5—1)$$

其中 X_i 表示每个原始变量,要求其均值为 0,标准差为 1。如果不满足该要求,需将原变量进行标准化处理。f_j 是从 1 至 q 共 q 个公因子,a_{ij} 表示每个公因子前的系数。e_i 是第 i 个原始变量的特殊因子。

系数矩阵 $A = (a_{ij})$ 被称为因子载荷矩阵,描述了每个公因子与变量的相关关系。因子载荷矩阵并不唯一,可以通过旋转变换因子轴得到。经过旋转得到的旋转因子载荷矩阵可观察出载荷较大的变量,赋予公因子实际意义,使得评价模型具有更强的解释力。公因子可以表示为各变量的线性函数形式,再根据各公因子的方差贡献率求出综合得分,这些综合得分就是研究对象的总体评价水平。

（2）指标选取

借鉴联合国人类发展指数(HDI)的构建方法和前述学者采用的指标体系,本书从普惠金融的实现前提、普惠金融的实施过程和普惠金融的实现结果三方面选取相应指标,构建普惠金融发展评价指数。

首先是普惠金融实现前提方面的指标,衡量社会各阶层人士接触金融服务的充分性和便利性。这和金融服务的密度以及金融服务人员的密度相关。由于普惠金融概念的来源就是小额信贷,所以本书的金融机构包括银行和小额贷款公司在内。2009年8月中国人民银行下发了关于建立贷款公司和小额贷款公司金融统计制度的通知,因此从2010年开始的金融机构数据包括了各地区的小额贷款公司情况。考虑获取金融服务的方便程度,设立每万人和每万平方公里拥有的金融机构数、每万人和每万平方公里金融从业人员数四个指标,从地理维度和人口维度表征金融的渗透程度。由于一般来说网点和从业人员越多,理论上会提供更方便、更充分的金融服务,所以这四个指标都是正向指标。

其次是普惠金融实施过程方面的指标,衡量普惠金融实施过程中金融机构对普惠金融的综合支持力度。考虑到中国的金融机构以银行和保险业为主,再加上小额贷款公司,选取的指标为信贷资产总额(银行与小额贷款公司的总和)、人均存贷款额占人均GDP的比重、保险密度、保险深度,以体现信贷业和保险业对金融体系的支持,均为正向指标。

最后是普惠金融实施结果方面的指标,衡量普惠金融实施的效果。根据我国实际情况,本书采取人均金融业增加值和金融业增加值占GDP的比重来代替较为复杂的指标,均为正向指标。具体指标体系如表5—2所示。

表5—2　中国普惠金融发展水平评价指标体系

一级指标	二级指标	三级指标	代码	指标单位	指标性质
普惠金融发展水平评价指数	实现前提	每万人金融机构数(含银行和小额贷款公司)		个/万人	正向
		每万平方公里金融机构数(含银行和小额贷款公司)		个/万平方公里	正向
		每万人中金融从业人员数(含银行和小额信贷从业人员)		人/万人	正向
		每万平方公里金融从业人员数(含银行和小额信贷从业人员)		人/万平方公里	正向

续表 5—2

一级指标	二级指标	三级指标	代码	指标单位	指标性质
普惠金融发展水平评价指数	实施过程	信贷资产总额(含银行和小额贷款公司)		万元	正向
		人均存款额占人均 GDP 的比重		%	正向
		人均贷款额占人均 GDP 的比重(含银行和小额贷款公司)		%	正向
		保险密度		元/人	正向
		保险深度		%	正向
	实施结果	人均金融业增加值		元/人	正向
		金融业增加值占 GDP 的比重		%	正向

（3）数据来源

本书数据取自历年《中国金融年鉴》、各省历年区域金融运行报告、各省历年《国民经济和社会发展统计公报》、各人民银行分行、支行以及国家统计局官方网站。选取我国 31 个省、自治区、直辖市 2004～2014 年的年度面板数据。

（4）实证步骤

① 数据预处理

为了消除变量间量纲的影响，保证数据间的可比性，先对所有指标进行标准化处理，本书采用 Z-score 标准化处理法，公式为：

$$Z_{ij} = \frac{x_{ij} - \overline{x_{ij}}}{\sigma_j}, \quad j = 1, 2, \cdots, m \tag{5—2}$$

其中，$\overline{x_{ij}} = \frac{1}{n} \sum_{i=1}^{n} x_{ij}$，$i = 1, 2, \cdots, n$，$\sigma_j$ 为标准差。

② 数据检验

利用 SPSS 22.0 软件进行实证分析。KMO 统计量数值位于 0—1 之间，用于检测变量间偏相关性是否足够大，数值越大说明变量间偏相关性越强。一般来说 KMO 值大于 0.6 可以进行因子分析，越大越适合进行因子分析。

Bartlett 球形检验原假设是变量间相关系数矩阵是单位阵，即变量间不存在相关关系，不适合进行因子分析。统计量的卡方显著性水平小于 0.05 时拒绝原假设。本节数据的 KMO 及 Bartlett 球形检验量如表 5—3 所示。

表 5—3　KMO 和 Bartlett 球形检验

KMO 值		0.801
Bartlett 球形检验	近似卡方	4 526.483
	DF	55
	显著性	0.000

数据检验发现,KMO 值为 0.801,大于 0.6,且拒绝 Bartlett 球形检验原假设,说明本书选取的数据适合进行因子分析。

③ 共同度分析

共同度分析显示每个变量被因子解释的比例,初始共同度为 1,提取共同度越接近 1,则说明因子对变量的解释力越强。从表 5—4 可见,大部分变量的提取共同度都高于 80%,说明提取的公共因子可以较多地反映原始变量的特征,原始变量信息损失较少,因子分析效果较好。

表 5—4　共同度分析

变量名	初始共同度	提取共同度
$Z(X_1)$	1.000	0.918
$Z(X_2)$	1.000	0.881
$Z(X_3)$	1.000	0.838
$Z(X_4)$	1.000	0.898
$Z(X_5)$	1.000	0.367
$Z(X_6)$	1.000	0.862
$Z(X_7)$	1.000	0.836
$Z(X_8)$	1.000	0.917
$Z(X_9)$	1.000	0.718
$Z(X_{10})$	1.000	0.917
$Z(X_{11})$	1.000	0.897

④ 方差贡献率

各公因子的方差贡献率代表其对原始变量解释力的大小,并体现累积方差贡献率。表 5—5 前三个公因子初始特征值大于 1,且累计占比超过 80%,因此选择前三个公因子作为解释变量,将变量数由 11 个降到 3 个,简化了分析过程。

表5—5 公因子方差贡献率

公因子	初始特征值			提取平方和载入			旋转平方和载入		
	总计	占比	累计占比	总计	占比	累计占比	总计	占比	累计占比
1	6.788	61.705	61.705	6.788	61.705	61.705	3.819	34.719	34.719
2	1.245	11.317	73.023	1.245	11.317	72.023	3.636	33.056	67.775
3	1.017	9.244	82.266	1.017	9.244	82.066	1.594	14.492	82.266
4	0.771	7.005	89.272						
5	0.443	4.028	93.3						
6	0.276	2.505	95.804						
7	0.174	1.583	97.389						
8	0.149	1.357	98.744						
9	0.079	0.714	99.458						
10	0.037	0.336	99.794						
11	0.023	0.206	100.000						

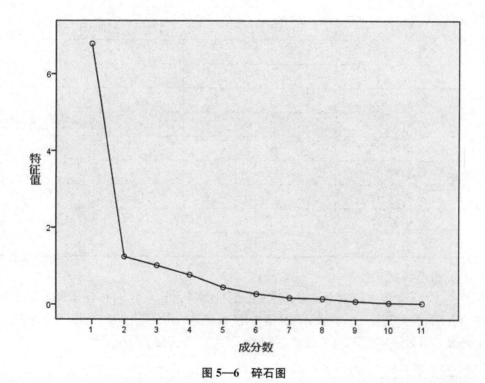

图5—6 碎石图

从碎石图(图5—6)能够较为直观地看出提取公因子的情况。前三个公因子的特征值大于1,且从第一个公因子到第二个公因子的连线较陡,斜率最大,第三个公因子之后的连线斜率较为平缓,说明前三个公因子对变量的解释力度较大。

⑤ 旋转因子载荷矩阵

经过最大方差法旋转得到的旋转因子载荷矩阵可以帮助我们赋予提取的公因子更准确明晰的金融学含义。如表5—6所示。

表5—6　旋转因子载荷矩阵

	因子		
	1	2	3
$Z(X_1)$	−0.028	0.083	0.954
$Z(X_2)$	0.898	0.269	0.055
$Z(X_3)$	0.582	0.271	0.653
$Z(X_4)$	0.913	0.240	0.080
$Z(X_5)$	0.545	0.265	0.009
$Z(X_6)$	0.268	0.859	0.227
$Z(X_7)$	0.305	0.822	0.259
$Z(X_8)$	0.736	0.600	0.120
$Z(X_9)$	0.259	0.796	−0.128
$Z(X_{10})$	0.715	0.589	0.243
$Z(X_{11})$	0.507	0.774	0.2

根据旋转因子载荷矩阵,我们可对三个公因子分别命名:

在公因子F1中,每万平方公里金融机构数、每万平方公里金融从业人员数、信贷资产总额、保险密度和人均金融业增加值均体现出较为明显的载荷。由于这些指标分别从地理渗透度、银行、小额信贷与保险业情况等多方面体现了金融业的发展,因此定义为金融实力因子。

在公因子F2中,人均存款额占人均GDP的比重、人均贷款额占人均GDP的比重、保险深度、金融业增加值占GDP的比重体现较大载荷,这些变量在数值上都表现为百分比,将其定义为金融比率因子。

在公因子F3中,只有每万人金融机构数和每万人中金融从业人员数体现较大载荷,本书将其定义为金融服务人口渗透度因子。

⑥ 我国各省普惠金融发展水平评价

利用SPSS 22.0计量软件,可以得出表5—7所示因子得分系数矩阵,代入标准

化的原数据可算出各地历年的公因子,公式如下:

$$F1 = -0.142Z(X_1) + 0.396Z(X_2) + 0.158Z(X_3) + 0.414Z(X_4) +$$
$$0.203Z(X_5) - 0.210Z(X_6) - 0.177Z(X_7) + 0.168Z(X_8) -$$
$$0.155Z(X_9) + 0.148Z(X_{10}) - 0.038Z(X_{11}) \tag{5—3}$$

$$F2 = -0.064Z(X_1) - 0.199Z(X_2) - 0.152Z(X_3) - 0.226Z(X_4) -$$
$$0.056Z(X_5) + 0.383Z(X_6) + 0.342Z(X_7) + 0.056Z(X_8) +$$
$$0.395Z(X_9) + 0.041Z(X_{10}) + 0.241Z(X_{11}) \tag{5—4}$$

$$F3 = 0.722Z(X_1) - 0.081Z(X_2) + 0.407Z(X_3) - 0.059Z(X_4) - 0.081Z(X_5) +$$
$$0.035Z(X_6) + 0.069Z(X_7) - 0.059Z(X_8) - 0.228Z(X_9) +$$
$$0.039Z(X_{10}) - 0.002Z(X_{11}) \tag{5—5}$$

表 5—7　因子得分系数矩阵

	因子		
	1	2	3
$Z(X_1)$	−0.142	−0.064	0.722
$Z(X_2)$	0.396	−0.199	−0.081
$Z(X_3)$	0.158	−0.152	0.407
$Z(X_4)$	0.414	−0.226	−0.059
$Z(X_5)$	0.203	−0.056	−0.081
$Z(X_6)$	−0.210	0.383	0.035
$Z(X_7)$	−0.177	0.342	0.069
$Z(X_8)$	0.168	0.056	−0.059
$Z(X_9)$	−0.155	0.395	−0.228
$Z(X_{10})$	0.148	0.041	0.039
$Z(X_{11})$	−0.038	0.241	−0.002

最后根据三个公因子的方差贡献率,算出加权平均的普惠金融发展水平评价指数,公式为:

$$F = \frac{\gamma_1}{\gamma_1 + \gamma_2 + \gamma_3}F_1 + \frac{\gamma_2}{\gamma_1 + \gamma_2 + \gamma_3}F_2 + \frac{\gamma_3}{\gamma_1 + \gamma_2 + \gamma_3}F_3 \tag{5—6}$$

其中三个公因子方差贡献率由表 5—5 可知依次为:$\gamma_1 = 61.705\%$,$\gamma_2 = 11.317\%$,$\gamma_3 = 9.244$,则有

$$F = 0.75F_1 + 0.14F_2 + 0.11F_3 \tag{5—7}$$

据此可得各地历年普惠金融发展水平评价指数。用 SPSS 22.0 计算出各地区历年的普惠金融综合评价指数,在本节将 2004 年至 2014 年归一化后的各省平均得分进行排名展示,如表5—8所示。

表5—8 中国各省2004～2014年普惠金融因子得分平均值排名

名次	省市	F平均值	名次	省市	F平均值
1	上海	0.682	17	安徽	0.093
2	天津	0.361	18	江西	0.092
3	北京	0.323	19	广西	0.089
4	江苏	0.217	20	重庆	0.089
5	浙江	0.206	21	山西	0.085
6	广东	0.206	22	陕西	0.078
7	山东	0.182	23	海南	0.077
8	辽宁	0.177	24	宁夏	0.073
9	福建	0.142	25	四川	0.072
10	河南	0.133	26	新疆	0.061
11	内蒙古	0.127	27	青海	0.056
12	河北	0.125	28	贵州	0.049
13	吉林	0.118	29	云南	0.042
14	湖北	0.106	30	西藏	0.040
15	湖南	0.105	31	甘肃	0.032
16	黑龙江	0.103			

由表5—8可见,我国31个省级行政区划普惠金融发展总体水平排名前10的省份中,前9名都属于我国东部地区。而排名在末尾的省市均属于西部地区。从平均得分看来,东部的省份普惠金融发展的整体情况要好于西部。由于这个排名是以2004 到2014 这11年间的总体面板数据计算的,各时间段各地区的空间差异和时序变化规律还需在下文具体分析。

5.2.3 中国各地区普惠金融发展的空间分布特征

以下使用在因子分析中计算得到的我国各省2004～2014年各年普惠金融发展水平评价指数数据,进行地区分布特征与时序演化分析,尝试通过直观的空间分布与时序变化的图形形式,探究我国普惠金融的发展规律,为区域金融深化改革政策的制定提供实证依据。

本书利用 ArcGIS 10.2 软件进行普惠金融的空间分布特征分析,绘制我国 2004～2014 年普惠金融发展评价指数的数据统计图。选取 2004 年、2007 年、2010 年和 2014 年四个时间截面的空间分布图形进行对比(图 5—7),可以基本看出我国各地区普惠金融发展态势的差异。图 5—7 中将普惠金融发展水平评价指标分为 6 级,颜色越深,代表该地的普惠金融综合情况越好。

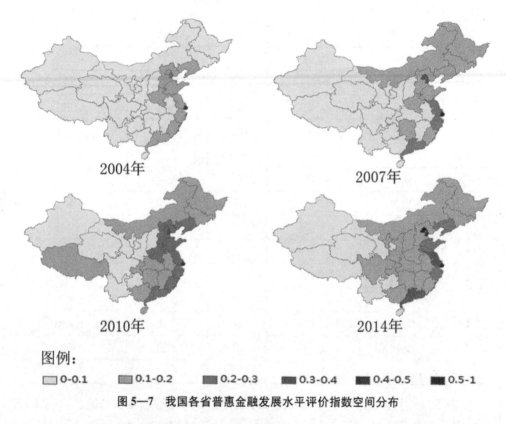

图例:

| 0-0.1 | 0.1-0.2 | 0.2-0.3 | 0.3-0.4 | 0.4-0.5 | 0.5-1 |

图 5—7 我国各省普惠金融发展水平评价指数空间分布

从图中可以看出,代表普惠金融发展指数的颜色由西向东越来越深。东部沿海地区的普惠金融水平整体高于中部和西部地区。上海、天津和北京三个直辖市有着优良的普惠金融基础,普惠金融指数始终位列全国前三。在 2004 年,上海和天津的普惠金融发展评价指数分别为 0.409 和 0.273。从 2007 年开始,北京的普惠金融发展评价指数开始超过天津,自此以后普惠金融指数前三名稳定为上海、北京、天津。2014 年北京和上海的普惠金融发展指数均远高于同期的全国其他地区。上海作为我国最早对外开放的城市之一,有着高度开放的经济环境和丰富的外资资本。这都增加了社会各界对全方位、优质金融服务的需求,因此促进了普惠金融的发展。首都北京是我国的政治、经济、文化中心,居京津唐工业区之首,有着极好的工业基础,再加上政策、资源和人才的多重优势,经济实力雄厚。发达的经济带来了旺盛的资金需求,北京在存款和贷款占比上都处于领先地位。经济的繁荣导致对金融服务的需求大幅增加,这首先体现在金融服务的地理和人口渗透度上。北京的金融从业人员比例和金融网点比例是全国最高的。

东部地区的其他省份的数据也体现了宏观经济的发展对普惠金融的支持作用。东部沿海地区(如广东、浙江和江苏)民营企业聚集,对金融服务、特别是小微贷款的需求要远高于其他地区。经济发展速度快、产业结构合理、居民收入高的地区会吸引更多金融资源,这使得东部地区的贷款占比、信贷资产总额和金融业增加值三个指标普遍高于中部和西部省份。因此东部沿海的普惠金融水平要高于其他地区。

中部地区的发展比较稳定,并随时间推移逐渐改善。例如河南省的普惠金融发展情况接近东部地区。河南省是我国的人力资源大省,经济发展较为稳定,也需要金融服务的大力支持。再加上河南省实行村镇银行的"增量"改革,大力发展村镇银行,盘活农村金融。内蒙古的普惠金融指数在 2008 年有了较大提升,该地区 2008 年金融从业人员比例的大幅增长,且贷款增加较多。

西部地区的普惠金融程度相对落后。这主要是由地理因素决定的。在内陆及偏远地区,金融机构开设营业网点的成本通常较高而收益较少,这形成了阻碍偏远地区普惠金融发展的主要原因。图 5—8 中历年数据显示西部地区普惠金融增长乏力,这和其自身缺乏强大的经济基础和发展机会密切相关。由此可见,西部地区是普惠金融发展今后的主攻方向,一旦取得突破即可占有先机,因此今后仍应当坚持西部大开发的战略不动摇,重点支持西部地区的金融普惠工作。

总体来说,我国普惠金融区域差异较为明显,普惠金融发展水平评价指数的空间分布特征整体上呈现东部高、西部低,南方高、北方低,沿海高、内陆低的态势。

5.2.4 中国各地区普惠金融发展的时序演化

我国部分省份普惠金融发展的环境、过程等存在一定的共性,因此在时序折线图的表现上有相似之处。本书将各省 2004～2014 年普惠金融指数演变的态势绘成相应的折线图,并将其分为四大类别,如表 5—9 所示。

表 5—9 中国 2004 到 2014 年各地区普惠金融发展指数时序演化分析

折线形态	描述	省份
A 04 06 08 10 12 14	2008 年之前上升,2008～2009 年下降,2010 年以后恢复上升态势	北京、甘肃、广西、贵州、河北、吉林、江苏、辽宁、黑龙江、宁夏、青海、山西、陕西、上海、天津、云南

续表 5—9

折线形态	描述	省份
B	2010 年之前较为平缓，2010 年后逐渐上升	安徽、海南、河南、江西、四川、新疆、重庆
C	始终稳步上升	福建、广东、浙江、湖北、湖南、山东、内蒙古
D	略有下降	西藏

2004～2008 年是中国普惠金融的初创时期。随着国内外环境的稳定和国有银行体制改革的深化,普惠金融开始了初步发展。2005 年中国人民银行工作会议要求继续加强和改善金融调控,中央工作会议着力解决"三农"问题,五省试点首先开展"只贷不存"的小额信贷模式,都为金融普惠打下了良好的基础。在这段时间普惠金融指数的变化呈现两种形态。一是以北京、江苏等东部省份为典型代表的 A、C 型,2004～2008 年,普惠金融实现了明显增长。二是安徽、四川等中西部地区为代表的 B 型,这部分地区在这一阶段几乎没有变化。东部地区能够利用优越的资源和良好的经济环境,普惠金融也得到了一定的发展空间。中部地区依靠传统产业的部门在淘汰落后产能的过程中逐步调整经济增长方式,实体经济的波动对普惠金融发展有一定影响。西部地区由于深处内陆,地理环境闭塞,存在普惠金融发展的滞后性。

2008～2010 年是我国普惠金融的调整时期。2008 年的经济危机使得几乎所有省市在 2009 年的数据上都出现了明显的下滑或停滞。2008 年,旨在拉动内需的"四万亿"经济刺激计划出台,虽然有助于实体经济的增长,但是金融危机影响深入,对于金融环境的改善一时力有不逮。这段时期普惠金融发展主要有三种类型。A 型是以北京为代表的东部地区和一些西部地区,呈现明显的下降趋势。东部由于金融发展较早,受金融危机的影响更为严重;西部地区经济发展不充分,金融发育不完全,也难以抵挡金融危机的冲击。B 型在这段时期呈现较为稳定的态势,主要是以安徽为代表的中部地区。中部地区的金融发展一直处在一个缓慢但平稳的轨道上,对金融危机的反应不如东西部地区强烈。C 型依旧保持稳定的上升态势，主要是浙江、广东等中小企业聚集、金融实力较强的沿海地区。这些地区民营企业聚集，从规模上来说中小企业占大多数。这从需求的角度促进了小额贷款的孵化，而小额贷款是普惠金融的主力军。因此这些地区金融普惠的程度较深，抵御金融危机的能力也较强。2009 年 6 月银监会《小额贷款公司改制设立村镇银行暂行规定》允许符合条件的小额贷款公司改制成为村镇银行，以金融机构的身份参与金融市场。这一举措增加了小额贷款的市场竞争力，也让普惠金融的作用逐渐显露出来。2010 年中央密集出台一系列高强度的房市调控措施，虽然一定程度上抑制了信贷增长过快，但也对规范信贷市场有积极影响。这都使得金融普惠的进程在调整中得以稳步发展。

进入 21 世纪的第二个十年，普惠金融开始深入。2013 年 7 月，国务院办公厅发布《关于金融支持经济结构调整和转型升级的指导意见》，其中第九条明确提出要进一步推动民间资本进入金融业，尝试由民间资本发起设立金融机构。这对于我国小额贷款公司的设立、转型以及普惠金融的发展无疑是一个积极信号。我国普惠金融发展黄金时期来临，绝大部分省市的金融普惠进入了一个发展较快的阶段，普惠金融指数呈现直线增长。期间互联网技术飞速进步，带来了互联网金融的迅猛发展，也使传统金融行业受到一定挑战。东部金融普惠开展较早、金融普惠程度较高的一些省份，普惠金融指数的增长速度明显放缓。这预示着东部地区即将进入普惠金融的饱和阶段。在这个时期，较为发达的地区开始出现精简金融机构与金融从业人员的现象，天津等地甚至出现普惠金融指数的略降。

在所有省市的数据变化中，只有西藏自治区的时序变化曲线呈现了略微的下降。2004 年以来，受益于西部大开发，西藏的经济得到了较为充分的发展，GDP 增长迅速，人口增长率也较高。这段时期金融普惠也取得了很大的进步，在 2012 年末实现了农业保险覆盖率 100% 的新成就，2014 年末全区金融服务乡镇覆盖率超过 90%。但是金融业的增长较之于 GDP 的快速增长，金融覆盖面较之于人口的增加，均不同步。因此造成了曲线略微下降的情况。

综上所述，2004～2014 年间，中国各地区普惠金融水平虽然存在波动起伏，发展态势各异，但总体呈现不断上升的趋势。各省普惠金融发展也经历了初创、调整和深入发展的不同历史阶段。

5.2.5 相关结论与政策建议

本节选取我国大陆各省 2004～2014 年的经济金融数据，建立普惠金融发展水平评价模型，通过因子分析测度了我国大陆各省历年的普惠金融发展水平。基于空间分布特征和时序演化规律的分析，得出以下结论：第一，我国的普惠金融发展与实体经济运行密不可分，实体经济的繁荣刺激了对金融业的需求，需求决定了普惠金融的广度和深度。第二,从空间分布特征来看,我国普惠金融发展水平区域差异较为明显。东部地区金融普惠发展早,普惠程度高;西部地区金融普惠起步晚,普惠程度低。东部普遍优于西部,南方普遍优于北方,沿海普遍优于内陆。上海和北京两个直辖市的金融普惠程度在全国遥遥领先。第三,从时序演化规律来看,我国各省的普惠金融发展路径各异。有的省份前期发展较快,后期趋于饱和;有的省份保持稳定的增长态势,虽然速度缓慢,但是效果明显;有的省份起步晚,发展相对滞后。总体看来,虽然这11年来有一些波折,但我国各省区的金融普惠情况均处于不断提升的趋势。

基于上述结论,要提高我国的金融普惠程度,真正达到为全社会提供优质、高效的金融服务,合理分配金融资源的目的,需要从以下几个方面入手:首先,稳定发展的经济是实现普惠金融的前提。应拉动社会总需求,积极关注民生,切实解决三农问题和中小企业的融资难题。其次,应降低金融服务成本,完善小微金融机构发展,使金融体系多元化,提高金融体系的竞争力。我国对小额贷款公司的融资仍存在很多限制,且小额贷款公司负担繁重的营业成本,可考虑将小额贷款公司纳入央行征信体系,既有利于提高贷款决策的科学性,也有利于监管小额贷款的投放方向。再次,应加强区域间的合作与交流,实行跨省域、跨地区的普惠金融一帮一机制,让先富起来的地区带动暂时落后的地区,促进金融资源在地区间的流动,实现金融资源的优化配置。最后,要推动金融创新,注重互联网金融等新兴金融手段在发展普惠金融过程中的重要作用,形成有我国特色的普惠金融发展模式。

5.3 小额信贷技术创新的国外经验及其对中国的启示

小额贷款是普惠金融的重要形式,近年来中国的小额信贷业务取得了长足的进步,但是面临着许多问题,本节介绍国外开展小额信贷业务的主要技术,在此基础上,结合中国的具体环境,分析国外先进经验对中国的启示。

5.3.1 小额信贷技术创新的动因分析

面向穷人,尤其是农村地区贫困人群的信贷市场发育迟缓、效率低下,是发展中国家普遍面临的难题。一方面,贫困人群限于各种主客观条件,很难依靠自身力量摆脱贫困陷阱,迫切需要信贷资金的支持。另一方面,贫困人群没有信用记录,缺乏有效的担保品,违约责任约束有限,使得现代商业银行的信贷风险管理技术难以实施。而货币资本的逐利本质,必然使其舍弃贫困人口,转而支持更能为其带来利润的部门,形成了所谓"抽水机"式的资金外流机制,农村地区原本较为匮乏的资金进一步流向城市和发达地区,加重了金融抑制。同时,由政府补贴引导正规金融机构对贫困地区的信贷支持也未取得预期成效,除了信息不对称和缺乏担保品等穷人"固有的"缺陷之外,面向贫困地区的优惠利率信贷资金往往由于腐败势力的攫取,难以起到应有的作用。至于民间自发形成的高利贷融资,由于其利率偏高,资源有限,加之时常行为失范,风险较大,难以形成长远的资金支持。

"扶贫"和"可持续发展"两大目标的矛盾,促使学术界和金融机构进行了长期的摸索与尝试。学术界的观点被归纳为"福利主义"与"制度主义"两大派别,前者主张不计成本对穷人进行扶持,以使其尽快摆脱贫困;后者强调金融机构收益对成本的覆盖,以实现财务与经济的可持续。随着各国扶贫实践的不断发展,目前后者的观点渐居上风,有关各方高度重视金融机构面向贫困人群的信贷业务的可持续性,并在实践中逐步摸索出一套虽然不够完善,然而行之有效的小额信贷技术创新体系。本节将对世界各国小额信贷技术创新的经验进行简要梳理,结合中国开展小额信贷的环境分析,探讨小额信贷技术创新的外国经验对中国的启示。

5.3.2　国外小额信贷技术创新的经验介绍

(1) 小额信贷技术创新所要解决的主要问题

鉴于上述贫困人群的固有缺陷,小额信贷技术创新需要重点突破的问题包含两个方面,即逆向选择和道德风险。

① 逆向选择

逆向选择是信息经济学的常用术语,一般是指由于信息不对称而使市场资源配置出现扭曲的现象。具体到小额信贷领域,逆向选择的出现,是因为贷款客户不够诚实,隐瞒自己的不良信用记录,或者伪造担保物品,而金融机构又缺乏针对贫困人群的征信记录,无从区分贷款客户的风险类型,从而将贷款发放给了错误的对象,最终导致信贷的失败。

② 道德风险

道德风险同样是信息经济学的常用术语,是指交易者违反承诺,不守信用,导致风险事件最终发生。在小额信贷业务中,如果贷款客户获得贷款后消极懈怠,或者改变资金用途,轻率选择投资项目,或是隐瞒项目成功后的真实收益,恶意拖欠还款,都是道德风险的具体表现。

逆向选择和道德风险破坏了市场经济中"诚信"的基本道德规范,前者"不诚实",后者"不守信",两者扰乱了市场秩序,导致效率损失。小额信贷业务中,如果贷款客户不能如实申告信用记录和担保物品状况,或不能在取得贷款后践行承诺,按时归还贷款,都会使信贷业务难以持续进行。因为贷款客户单笔贷款金额小、居住分散、信息不充分,金融机构将面临很大的监管成本。为解决这类难题,各国金融机构和理论界进行了持续的理论探索和实践创新。其中 Accion International 和 Opportunity International 等国际著名微型金融机构以及孟加拉国乡村银行以及印度尼西亚人民银行等,成功进行了小额信贷技术创新,并在扩大贷款覆盖面、提高还款率方面取得了突破,为我国政府和金融机构兼顾"扶贫"与"可持续发展"的目标,开拓农村信贷市场,提供了有益的借鉴。

（2）国外小额信贷技术创新的主要举措

从各国小额信贷技术创新的实施效果来看,孟加拉国乡村银行的模式影响最大。1976年8月,孟加拉国经济学家穆罕默德·尤努斯教授（Mohammed Yunus）以自己的财产作抵押,率领其学术团队从本地金融机构贷款,在吉大港大学附近的一个村庄开展小额信贷技术创新实验并获得成功。以此为基础,于1983年创立孟加拉国乡村银行,又称格莱珉银行（Gremeen Bank）,主要从事面向贫困人群的小额信贷业务。其主要技术被称为格莱珉一代（Gremeen Ⅰ）,主要包括团队贷款、次第融资、分期偿还和小组基金等四种。1998年孟加拉国大水灾导致格莱珉银行不良贷款率猛增至30％,为适应现实环境,稳定客户基础,尤努斯及其团队于2000年开始推广格莱珉二代模式,对格莱珉一代模式中的一些做法进行了适当调整。经过三十余年的不断探索与创新,以格莱珉银行的实践为代表的小额信贷技术创新取得了丰硕的成果,尤努斯本人也于2006年获得诺贝尔和平奖。以下本书对国外小额信贷技术创新的主要做法进行简要梳理。

① 格莱珉一代小额信贷技术

格莱珉一代技术的组织形式,是由银行委派的信贷员,以村庄为单位,将村民组成若干5人小组,全村的小组共同成立本村的贷款中心,选举中心的主任,由中心主任会同信贷员每周召集中心会议,交流项目实施情况,督促还贷,当众发放贷款,收取本金、利息和小组基金。

Ⅰ团队贷款

金融机构缺乏面向贫困人群的征信记录,对贷款客户的既往历史、行为习惯、风险类型和抵押品状况等,无法一一调查核实。而格莱珉一代的核心技术便是团队贷款,即让贷款客户按照亲属回避、相互扶持的原则,自愿结为5人小组,以小组为单位与银行签订贷款协议。一人违约,全组受罚,共同承担还款责任。团队贷款的首要功能,体现为小组成员相互之间的鉴别与选择。按照信息经济学的理论与小额信贷业务实践的规律,高风险、不诚信的成员难以获得低风险而诚信的成员的接纳,所以小组成员的自愿组合,实际上形成了同类成员的"类聚效应",使得金融机构鉴别贷款客户诚信记录的调查成本大为减轻。

Ⅱ次第融资

次第融资技术按照服务对象分为两个层面,对小组而言,格莱珉一代规定只有当前两个成员开始还款之后,才对后两名成员发放贷款,直至最后一名成员。对个人而言,只有全部偿还首次贷款之后,才能享有第二笔贷款并获得更大授信额度。一旦拖欠乃至逃废债务,即取消个人贷款资格。这种次第融资的技术形成了同伴监督之下的动态激励机制,在整个贷款周期之内,从签订贷款协议之后的项目选择,到分期还款各阶段的努力程度,直至最后清偿全部贷款,所有小组成员的行动皆置于其他成员的严密监督之下。传统业务中金融机构不仅难以鉴别小贷客户的诚信状况,对其履行还款责任的约束手段也十分有限。而团队贷款安排之下的次第融资技术,可动员小组成员的社会资本,包括社会网络、行为规范、道德共识等,共同督促每个成员忠实履行还款责任。一旦某个小组成员恶意逃废债务,则其所处的社会网络造成的谴责乃至强迫还款的压力,远比金融机构有限的追偿手段更为有效。

Ⅲ 分期偿付

格莱珉一代小额信贷技术中的小额贷款期限为一年,一年分为 52 周,前 50 周每周偿还本金的 2%,最后两周收取利息和小组基金。定期还款有助于培育贫困人群的理财意识,增强其信用观念,发放贷款和收取本金和利息等活动通过中心会议当众举行,有助于加强监督效力。有研究表明,当众定期还款辅以团队贷款的株连责任制,可促使社会非正规力量的强势介入,制止恶意拖欠者的不道德行为。

Ⅳ 小组基金

格莱珉一代技术的最后一项主要内容,是设立小组基金,每个成员每周向自己所在的 5 人团队缴纳小额资金。小组基金的作用,一是用于成员之间的互助,以备不时之需。二是形成一种担保替代机制,在某个成员违约,而其他受株连的成员一时无法承担连带责任时,用于归还银行贷款。

格莱珉一代技术的主要特征是"株连制度",即通过小组成员之间的相互选择、相互帮助、相互监督和相互担保,通过次第融资和分期偿付的动态激励机制,动员贷款客户所处环境的社会资本,强化监督和惩罚机制,降低了金融机构的信贷风险,提高了小额信贷的偿还比率。在孟加拉国其他国有银行坏账率居高不下的同时,专门面向贫困人群的格莱珉银行却取得了优异成绩,其还贷率高达 98% 左右。格莱珉银行的成功,鼓舞了其他国家金融机构开展小额信贷业务的信心,许多金融机构,仿效格莱珉一代技术,向贫困人群发放贷款,取得了不同程度的成功。如玻利维亚团结银行(BancoSOL)运用团队贷款技术,主要针对城市小型商户中的女性发放小额信贷,小组成员居住地相互接近,便于信息的沟通与彼此监督。

② 格莱珉二代小额信贷技术

按照格莱珉一代技术,如果某个小组成员逃废债务,则不但这个成员将失去贷款资格,其他成员也将受到株连。一旦面临自然灾害等系统性风险,银行的客户基础将大受动摇。由于株连制度的严酷导致小组成员之间的关系紧张,同时也无法杜绝成员之间的合谋。为适应现实的需要,尤努斯对格莱珉一代技术进行了一些修正,于2000 年开始推行格莱珉二代技术。主要内容有:淡化小组成员之间的联保关系,从株连责任制转变为个人责任制;取消过于严格的次第融资安排,小组成员可同时获得贷款资金;降低过于频繁的中心会议频率,把每周还款改为每月两次还款等。

③ 其他小额信贷技术

除了格莱珉银行的实践,其他金融机构对面向穷人的小额信贷技术创新也进行了许多有益的尝试。比如印度尼西亚人民银行对贷款客户的抵押物采取十分灵活的政策。对贫困客户不要求抵押物,对抵押物价值的评估以其对客户的使用价值而不是市场价值为判断标准,还可以要求贷款客户配合银行临时创造出金融资产用作抵押物,如孟加拉国首都达卡地区的 SafeSave Cooperative Ltd 要求贷款客户在取得第一笔贷款之前要进行三个月的规定数额储蓄,以证明其诚信和能力。此外,许多小额信贷机构对客户信息的搜集高度重视,对客户资信的审查绝不仅仅停留在客户提交的书面材料的审核,而是深入客户所处的环境进行仔细考察。如俄罗斯的小额信贷机构往往通过访问客户的家庭和所在公司鉴别客户的诚信程度,阿尔巴尼亚农村的贷款客户被要求由所在行政村的信贷委员会出具相关证明才能获取贷款等等。

5.3.3 国外小额信贷技术创新实践对中国的启示

(1) 中国小额信贷业务的环境

中国转型时期独特的政治经济和自然地理环境,与上述成功开展小额信贷技术创新的国家相比有很大不同。第一,中国的贫困人群主要集中在中西部边远山区的农村,居住地分散,信息的沟通相对困难,难以像印度尼西亚和孟加拉国等人口稠密的国家那样进行村民之间密切的监督;第二,中国小额信贷业务面临的主要人群是农业人口,玻利维亚团结银行的客户大多是城镇居民。农业收入受自然条件限制,有很大的不确定性,使得小额信贷的贷款机构面临较大风险。第三,转型时期中国农村大量的青壮年劳动力外出打工,农村地区留守人口多为老年和儿童。格莱珉一代技术中频繁的贷款中心会议未必适合中国农村社情。第四,各地基层政权的执行效力、宗族势力、风俗习惯千差万别,团体贷款的株连制度可能会人为地增加人际关系的紧张。第五,农村的土地和住宅资产并未实现市场化,无法成为贷款抵押物。第六,中国农村现行金融体系不利于小额信贷业务的开展。中国独特的二元经济结构形成的"抽水机"机制,使农村地区资金愈加匮乏,正规金融机构又难以承受小额贷款相对较高的管理成本,民间小贷公司在资金来源、利率设定等方面又受到诸多限制。凡此种种,均对中国开展小额信贷业务,帮助弱势人群摆脱贫困,实现可持续发展构成了较大约束。

(2) 国外经验对中国的启示

以孟加拉国乡村银行和印度尼西亚人民银行等为代表的国外金融机构成功的小额信贷技术创新实践,给中国正规金融机构和民间小贷公司开展小额信贷业务带来了有益的启示。

首先,应坚持以市场化原则为导向。扶危济困是开展小额信贷的目标与宗旨,而金融机构的可持续发展是小额信贷得以延续的前提和保证。一味强调不计成本地扶贫,将使金融机构难以为继,小额信贷将会成为无源之水。纵观世界各国小额信贷技术创新的发展历程,可以看出小额信贷技术的每一次进步,都是着眼于化解逆向选择和道德风险难题,保障金融机构的财务与经济可持续。

其次,消化吸收国外小额信贷先进技术,应注重因地制宜,洋为中用。各国小额信贷技术创新实践的过程中,从格莱珉一代到格莱珉二代,乃至其他多种形式的技术方案,每一种组合的技术选择都是对目标客户所处环境综合考虑的结果。我国幅员辽阔,人口众多,风物民情千差万别,应紧密结合当地实际,有针对性地采用合适的技术组合,在保证可持续的前提下,尽量扩大小额信贷的覆盖面。比如应充分考虑各地基层政府的行政效率和民间非正式组织的影响力,综合运用株连制和个人责任制督促还款,适当调整定期还款的频率,灵活制定抵押物品政策,以适应各地农村地区的现实状况。

第三,优化小贷公司发展的政策环境。由于我国特有的历史条件和现实制约,正规金融机构在面临激烈市场竞争的同时,很难深入开展面向贫困人口的小额信贷业务。开展旨在扶贫的小额信贷业务,需要发展民间小贷公司这样的专业信贷组织。目前"只贷不存"的政策规定和相对较低的利率上限使小贷公司的发展面临诸多难题。首先,小贷公司只靠自有资本和银行批发资金难以满足民间对扶贫资金的巨大需求,迫切需要通过吸收存款来拓宽资金来源。其次,调查农村地区贫困人群中贷款客户的信用状况并定期督促其还款,需要耗费较大的人力资本,相对较低的利率上限不仅不利于小贷公司的业务开展,也无助于扭转农村地区资金流失的"抽水机"现象。优化小额公司发展的政策环境,是开展中国小额信贷技术创新,实现扶贫和金融机构可持续的当务之急。

第六章　中国农村居民家庭银行储蓄资产财富效应研究

银行储蓄存款是我国居民金融资产中比重最大的组成部分,历年我国居民银行储蓄存款余额远远超过股票、国债等直接金融的融资规模,各种形式的家庭资产中,居民储蓄存款比股票更为安全,比住宅资产更富于流动性,因此储蓄存款不仅成为我国居民家庭金融资产的首选形式,而且实际上一直是居民家庭资产组合中的核心构成因子。农村居民由于历史习惯和现实生活中缺乏金融服务的原因,更是如此。作为居民家庭资产的重要组成部分,银行储蓄对居民家庭消费行为和国民经济的宏观管理具有强大的影响力。本课题第三章已对改革开放以来我国城乡居民人均储蓄、消费和收入的变动特征进行了描述性统计,本章将测量我国农村居民的储蓄谨慎系数,结合国情对农村居民储蓄增加的动因进行理论分析,在此基础上,对我国农村居民银行储蓄资产的财富效应进行实证研究。

6.1　预防性储蓄动机的理论分析

LC-PIH 理论对财富效应的起源和当期收入和消费之间的关系提供了有力的解释。但是大量实证检验证明,财富与当期收入对消费的影响并不相同。不论家庭资产的多寡,居民消费似乎更多地受当期收入的影响。LC-PIH 理论对消费行为的这种现象的解释出现了困难,由此引发了学术界更为广泛的讨论。

本书第二章介绍 LC-PIH 理论时假定效用函数为二次型,即:

$$U_t = C_t - \frac{a}{2}C_t^2, \quad a > 0 \tag{6—1}$$

二次型效用函数作为描述消费者效用的模型,其一阶导数为 $1-aC_t$,二阶导数为负数 $-a$,三阶导数为零。可以模拟随着消费的增加,边际效用递减的现象。但是由此带来的问题是,效用函数的绝对风险厌恶系数 $\left(-\dfrac{U''}{U'} = \dfrac{a}{1-aC_t}\right)$ 递增,其含义为当个人变得更为富裕时,愿意放弃更多的消费以避免给定的风险。二次型效用函数的困境正在于此:一方面,其递增的绝对风险厌恶系数表明随着消费的增加,其边际效用的下降变慢,消费的三阶导数可能为正。另一方面,二次型效用函数的三阶导数为零。

一般而言,拟凹的效用函数意味着消费者是风险厌恶者,如果其三阶导数为正,可以解释为什么消费者面临收入的不确定性,愿意减少当期消费,增加储蓄,以用于下期消费,这就是所谓预防性储蓄动机。这是解释中国居民现阶段大量增加银行储蓄以及该行为对消费影响的一个较好的理论切入点。

按照罗默(2003)的分析,边际效用递减,即二阶导数为负的效用函数不仅反映了消费心理的一般规律,还反映了消费者对不确定性的评价。一般而言,这样的消费函数表明消费者是个风险厌恶者[①]。图 6—1 可以说明这点。图中效用曲线的斜率逐渐递减,反映了该效用函数满足 $U''<0$。

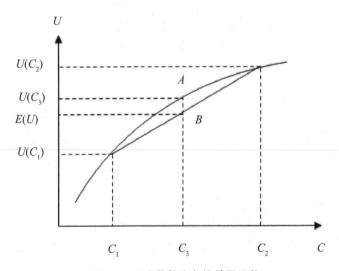

图 6—1　二阶导数为负的效用函数

假设消费者面临两种选择,一种为 C_1 和 C_2 的消费组合,即 50% 概率的 C_1 和 50% 概率的 C_2,其期望效用为图中弓弦的中点 B 的纵坐标 $E(U)$。另一种是确定的消费 C_3,其效用为 C_1 和 C_2 之间弓背的中点 A 的纵坐标 $U(C_3)$。由图 6—1 可以看出,由于 $U''<0$,效用函数为凹函数,弓背上的 A 点高于其下方弓弦上的 B 点。这说明在消费者看来,确定性消费的效用要高于不确定的消费组合的消费效用,即使两者的期望消费数额相等,可见效用函数满足 $U''<0$ 的消费者是风险厌恶者。

---

① 戴维·罗默.高级宏观经济学[M].上海:上海财经大学出版社,2003:305—307.

消费者追求总效用最大化的行为过程将导致欧拉方程成立,即:

$$U'(C_t) = E_t[U'(C_{t+1})] \tag{6—2}$$

如果效用是二次型的,则其边际效用是线性的,则上式右边等于期望消费的边际效用,即:

$$E_t[U'(C_{t+1})] = U'[E_t(C_{t+1})] \tag{6—3}$$

代入(6—2)式的右边可得

$$U'(C_t) = U'[E_t(C_{t+1})] \tag{6—4}$$

由于效用函数映射的唯一性,由上式可得:

$$C_t = E_t(C_{t+1}) \tag{6—5}$$

如果效用函数满足 $U''' > 0$,则 U' 为消费的凸函数,这种情况下(6—3)式变为:

$$E_t[U'(C_{t+1})] > U'[E_t(C_{t+1})] \tag{6—6}$$

假设当期消费和下期消费的预期值相等,上式变为:

$$E_t[U'(C_{t+1})] > U'(C_t) \tag{6—7}$$

该式的含义是,如果本期消费支出和下期相等,则下期消费边际效用的期望值更高,即高于本期消费的边际效用。既然如此,理性决策的消费者会减少本期消费,将储蓄的收入用于下期消费。

Sibley(1975)用效用的一阶导数图形更为直观地说明了三阶导数为正的效用函数在面临不确定时对消费的影响[①],如果 $U'' < 0$ 的效用函数同时还满足 $U''' > 0$,则消费者面对不确定性,宁愿减少当期消费进行储蓄,以便增加未来消费以寻求总效用的最大化,如图 6—2 中所示。

图 6—2 中纵坐标为效用的一阶导数,由于效用的二阶导数为负且三阶导数为正,图中边际效用曲线为下降的凸曲线。假设消费者面临着不确定,未来消费支出为 C_1 和 C_2 的概率均为 50%,C_3 就是不确定消费的期望支出,位于 C_1 和 C_2 的中点,(6—6)式左边下期消费边际效用的预期值 $E_t[U'(C_{t+1})]$ 即是图中弓弦上 B 点的纵坐标,右边期望消费的边际效用 $U'[E_t(C_{t+1})]$ 即是弓背上 A 点的纵坐标。只要效用函数满足 $U'' < 0$ 且 $U''' > 0$,B 点就一定高于 A 点。A 点纵坐标为下期消费支出预期值的边际效用,假设下期消费的预期值等于本期消费,则 A 点纵坐标也表示本期消费的边际效用,它低于 B 点纵坐标即下期消费边际效用的预期值。而且未来波动性越大,即图中 C_1 和 C_2 离得越远,B 点与 A 点的高度差就越大。由此可见,满足 $U'' < 0$ 且 $U''' > 0$ 的效用函数意味着消费者对未来消费的边际效用评价更高,这将导致消

---

① Sibley D S. *Permanent and Transitory Income Effects in a Model of Optional Consumption with Wage Income Uncertainty*[J]. Journal of Economics Theory,1975,25(11):68—82.

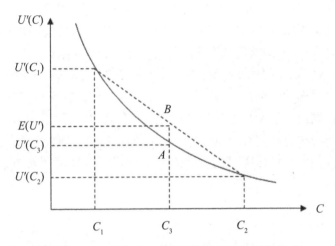

图6—2　三阶导数为正的效用函数对消费的影响

费者减少当期消费,把收入用于储蓄,用于未来的消费,未来面临的波动性越大,消费者的储蓄动机越强。

6.2　农村居民预防性储蓄动机的测度

6.2.1　问题的提出

随着各项事业改革的深入推进,我国国民经济建设取得了前无古人的伟大成就,在此期间农村居民的收入和消费结构也发生了深刻的变化,同时农村居民由于产业结构的调整和社会保障体系建设的相对滞后,也面临较大的收入和支出波动。计算农村居民的预防性储蓄动机强度,对把握我国的基本国情,制定相应的经济和社会保障政策可起到一定的参考作用。

我国农村居民的人均储蓄存款增长迅速,甚至超过了消费支出增速和GDP增速,说明农户面对未来的不确定性表现出较强的预防性储蓄动机。与此同时,代表农村居民预防性储蓄的定期存款余额一直高于城镇居民。一般认为,定期储蓄反映了消费者的预防性动机,居民为应付未来生产、生活、医疗或养老之需而预先进行定期储蓄。从第三章图3—5中可以看出,农村居民定期存款的百分比一直高于城镇居民,多数年份高出5个百分点左右,说明农村居民预防性储蓄动机更强。

现有的公开统计数据似乎导致相互矛盾的结论,从城乡居民人均储蓄存款差距和平均储蓄倾向来看,似乎城镇居民储蓄动机更强,但从农村居民定期存款比例来看将会得出相反结论。造成这种矛盾现象的症结,在于把银行储蓄存款等同于储蓄本身。其实经济学中所说的储蓄不仅包含银行储蓄,还包括其他形式的财产。居民储蓄的本质是其可支配收入中用于消费之后的剩余,不仅包括银行储蓄,还应该包含其他形式的财产,由于我国居民家庭资产价值统计上的巨大困难,至今尚无权威数据发布,因此难以进行城乡居民资产价值的比较,也就难以计算居民的总储蓄。

要测定居民储蓄动机强弱,可另辟蹊径,绕开总储蓄资产难以统计的困难,从消费函数入手。国内外学者也已对此展开了一些有益的尝试,国内学者分别就中国城镇和农村居民的预防性储蓄动机进行了剖析,本课题拟在前人工作的基础上,计算农村居民预防性储蓄动机强度,为下文测度农村居民银行储蓄存款的财富效应进行理论与实证准备。

6.2.2　相关研究回顾

预防性储蓄动机的理论由国外学者首创。Leland(1968)建立了两期模型,其结论表明如果效用函数的三阶导数为正,则消费者收入不确定时,对未来消费的边际效用评价更高,由此会减少当期消费,增加当期储蓄,这就是预防性储蓄动机。Sibley(1975)把该理论扩展为多期模型,把三阶导数为正的说法换了个表述方式,认为边际效用函数为凸曲线是预防性储蓄动机存在的必要条件。Kimball(1990)的工作将前述预防性储蓄动机存在的必要条件和人们对风险的态度联系起来,认为在给定的不确定条件下,绝对谨慎系数和相对谨慎系数的上升,将导致人们对现期消费的边际效用评价越来越低,从而产生预防性储蓄动机。

国外学者对居民预防性储蓄动机是否存在及其强弱程度并未形成一致看法。Guiso(1992)等人发现美国居民家庭的预防性储蓄动机虽然存在,但十分微弱。Dynan(1993)基于美国消费者支出统计数据(CEX)得出的结果,也表明美国居民的预防性储蓄动机强度非常之低。Kazarosian(1997)通过美国国民纵向调查(NLS)面板数据发现居民存在很强的预防性储蓄动机。Wilson(2003)用美国收入动态分组统计数据(PSID)在Dynan(1993)的基础上进一步进行了实证分析,检验结果表明美国居民家庭预防性储蓄动机较强。

我国学者对中国居民家庭预防性储蓄动机强度也展开了一些研究,龙志和与周浩明(2000)基于Dynan(1993)构建的理论模型,采用1991~1998年分地区的面板数据,对我国城镇居民的相对谨慎系数进行了计量,结果表明城镇居民具有较强的预防性储蓄动机,他们用转轨时期的不确定性来解释这种动机的产生原因。施建淮与朱海婷(2004)基于消费者理性预期效用最大化的假设推导出消费函数表达式,再由此出发构建了预防性储蓄动机强度的测量公式,运用1999~2003年我国35个大中城市的月度数据建立面板模型,测量结果表明我国城镇居民预防性储蓄动机较为微弱,他们认为原因可能是储蓄资产占有不均。易行健等(2008)对1992~2006年我国农村居民的分省面板数据进行了计量,检验结果表明我国农村居民的预防性储蓄动机较强,他们从多个角度解释了原因并提出了相应政策建议。

以上国内外学者对居民家庭预防性储蓄理论和实证进行了大量的研究,形成了一批很有价值的学术成果,为本研究提供了较为扎实的理论基础。本课题在前人研究的基础上,利用各地区 2001 到 2012 年以后的面板数据,测度农村居民预防性储蓄动机强度,为有关政策的制定提供参考。

6.2.3　计量模型

由第二章使用的欧拉方程方法出发,可以测定我国农村居民预防性储蓄动机强度。当消费者为追求其生命周期的总效用最大化,而调整其各期消费支出时,当期消费和下期消费的效用将有如下关系:

$$U'(C_t) = \frac{1+r}{1+\delta} E_t [U'(C_{t+1})] \tag{6—8}$$

其中 r 和 δ 分别为市场利率和效用贴现率,这就是欧拉方程。上一节本书已经结合图形和公式推导说明了满足 $U''<0$ 和 $U'''>0$ 的效用函数在面临不确定性时的预防性储蓄动机,本节将结合宏观数据,进一步测量我国农村居民"典型消费者"的预防性储蓄动机强度。

将(6—8)式中的 $U'(C_{t+1})$ 展开为二级泰勒级数,可得:

$$U'(C_{t+1}) = U'(C_t) + U''(C_t)(C_{t+1} - C_t) + \frac{1}{2}U'''(C_t)(C_{t+1} - C_t)^2 + o[(C_{t+1} - C_t)^2]$$

$$\tag{6—9}$$

将(6—9)式代入(6—8)式欧拉方程,并忽略高阶无穷小误差项,可得:

$$E_t \left(\frac{C_{t+1} - C_t}{C_t} \right) \frac{1}{\varphi} \frac{r - \delta}{1 + r} + \frac{\theta}{2} E \left[\left(\frac{C_{t+1} - C_t}{C_t} \right)^2 \right] \tag{6—10}$$

式中,$\varphi = -C_t(U''/U')$ 为"相对风险厌恶系数",$\theta = -C_t(U'''/U'')$ 即是"谨慎性系数"。

前者表征消费者厌恶风险必欲避之而后快的倾向,而后者衡量消费者面对风险出于预防性动机而预作准备的动机强弱。

通过图 6—1 可以看出,C 一定时,φ 的数值越大,效用曲线越是弯曲,其经济含义是消费者对确定性消费的评价高于不确定消费的效用越多,反映了消费者对风险的厌恶程度。类似地,θ 值越大,图 6—2 中边际效用曲线越弯曲,说明消费者在一定的消费水平下面临同样的消费不确定性,下期消费边际效用的期望值高于本期消费的边际效用越多,从而消费者减少当期消费支出进行储蓄,以用于下期消费的动机越强。

由(6—10)式可导出本节测定居民预防性储蓄动机强度的计量模型如下:

$$AV(GRC)_{it} = \alpha_i + \beta AV(GRC)^2_{it} + \varepsilon_{it} \qquad (6\text{—}11)$$

式中 AV 表示样本时期内各期既往年份的平均值,代表下一期的预期值,GRC 代表消费的增长率,GRC^2 代表消费增长率的平方,下标 it 表示面板样本各个体各期编号,ε 表示误差项。α 为(6—10)式中的截距项,β 为(6—10)式中的 $\frac{\theta}{2}$。β 的计量结果的两倍,即 θ 就是本书所要估计的居民储蓄谨慎系数,它代表居民预防性储蓄动机强度。

该模型的特点在于以消费支出的增长率代表未来的不确定性,而且可以直接判断预防性储蓄动机的强弱。

6.2.4 预防性储蓄动机强度测量

(1) 数据来源与处理

本节采用的数据为《中国统计年鉴》2001 到 2012 以来除港澳台以外的各省、自治区和直辖市的年度数据。包括各地农村居民人均消费、农村人均纯收入,这些变量均经过农村居民消费价格指数的缩减。人均消费、人均收入和价格指数增长率为本期数值减去上期数值的差额除以上期数值。(6—11)式的计量模型中人均消费增长率的预期值用样本期内的平均值表示。

(2) 农村居民储蓄谨慎系数的计量

考虑到面板数据的特征,采用个体固定效应模型,为消除可能的异方差,采用了加权最小二乘法。由于计量模型左右两边都有消费增长率这个指标,为避免可能的随机解释变量问题,本节用居民人均收入增长率的平方作为工具变量来估计居民消费增长率平方的系数。为消除回归残差的自相关,采用了广义差分法,在解释变量中加入一阶自回归项 AR(1)。表 6—1 为中国农村居民面板数据对象的估计结果。

表 6—1　全国及分地区农村居民预防性储蓄强度估计结果

	全国	东部	中部	西部
消费增长率 平方的系数 β	5.95*** (10.781 1)	4.52*** (11.281 7)	6.02*** (4.125 5)	6.85*** (7.692 4)
相对谨慎系数 θ	11.90	9.04	12.04	13.70
联合显著性 F 值	75.69***	40.67***	10.14***	34.67***
D.W 值	1.87	1.74	2.10	1.72
观测值	360	132	96	132

注:"***"表示1%的显著性水平;括号内为 t 统计量。

　　表6—1显示,全国及分地区的样本总体的 F 值均通过了联合显著性检验,论证了本节采用的工具变量非常有效。其中,全国整体农村居民的消费增长率平方项系数为5.95,在1%的显著性水平下通过了 t 统计量检验,说明农村居民预期消费增长率的平方每增加1单位,将会导致预期消费5.95个单位的同向变动。(6—11)式可知,消费增长率平方的系数 β 等于二分之一 θ,因此得到全国农村居民预防性储蓄的相对谨慎系数 θ 值为11.90,可见我国农村居民的预防性储蓄动机明显且较为强烈。

　　由于我国广大农村地区的经济发展水平和消费水平存在较大的空间差距,因此表6—1中亦报告了分地区(东、中、西部)农村居民消费行为的相对谨慎系数。回归结果表明,消费增长率平方项系数在这三个地区也都通过了 t 检验且显著为正,进一步说明东、中、西部地区农村居民都存在很强的预防性储蓄动机。根据估计出的相对谨慎系数 θ 值,东部地区为9.04,中部地区为12.04,西部地区为13.70,可见预防性储蓄动机强度与地区经济发展水平呈反向变动趋势:即经济发展水平相对发达的东部地区的农村居民预防性储蓄动机较弱,低于全国平均水平;而经济发展水平相对落后的西部地区的农村居民预防性储蓄动机最强,高于东部和中部地区。

　　将实证所得数据与已有研究进行对比发现,本书结论与易行健,王俊海,易君健(2008)研究结论大致相同,即东、中、西部地区相对谨慎系数大小依次递增,西部地区预防性储蓄动机最强,中部次之,东部最弱,预防性储蓄动机强度与地区经济发达程度呈负相关关系。

　　(3) 农村居民预防性储蓄动机强度计算结果的解释

　　以上检验结果显示了我国农村居民面对未来的不确定性时较强的储蓄动机,这在一定程度上验证了一般的直觉。以下对这一检验结果进行简要的解释。

　　① 农村居民的收入结构使其预期收入具有更大的不确定性

　　虽然经过了多年的改革开放,但是由历史形成的我国城乡二元经济结构仍未得到根本改观。这种二元经济结构的重要特征之一,就是城乡居民收入的结构的差别。表6—2是根据中国统计年鉴整理的我国城乡居民各类收入占比。从中可以看出我国城乡居民收入结构存在较大差别。统计年鉴相关数据2001年以前与之后统计口径不同故而略去,表中数据覆盖了大部分样本期间。

表6—2 我国城乡居民人均各类收入占各自人均总收入的百分比

单位:%

	工薪收入		经营净收入		财产性收入		转移性收入	
	城镇	农村	城镇	农村	城镇	农村	城镇	农村
2002	70	34	4	60	1	2	24	4
2003	71	35	4	59	1	3	23	4
2004	71	34	5	59	2	3	23	4
2005	69	36	6	57	2	3	23	5
2006	69	38	6	54	2	3	23	5
2007	69	39	6	53	2	3	23	5
2008	66	39	9	51	2	3	23	7
2009	65	29	8	62	2	2	24	7
2010	65	30	8	61	2	2	24	7
2011	64	30	9	60	3	2	24	7
2012	64	31	9	59	3	2	24	8

注:表中数据根据《中国统计年鉴》整理计算得到。

由表6—2可以清楚地看出我国城乡居民人均收入来源的巨大差异。其中除利息或租金等财产性收入两者占比相差无几外,其余收入占比均有很大区别。这些差异的特征在于,凡是相对稳定的收入,农村居民占比较小,而波动性较大的收入,农村居民占比较大。

一方面,城乡居民各自主要收入来源的稳定性不同。城镇居民工资性收入构成其收入的最主要来源,其占比约为农村居民的两倍,这种相对稳定的收入作为城镇居民的主要收入,直接影响了城乡居民储蓄动机的强弱。城镇居民收入的相对稳定,使其比农村居民对未来波动性的预期相对更低,储蓄动机也因此弱于农村居民。尽管随着城市化的发展和产业结构的演进,农村居民工资性收入有所上升,但是由于户籍管理等因素造成的候鸟式的民工定期移动和第二、三产业吸纳农村剩余劳动力速度的缓慢下降[①],使得农村居民对工资性收入预期的不确定性比城镇居民更高,储蓄动机也更强。与此相比,农村居民纯收入来源中经营性收入的占比最大,远远高于城镇居民,这些收入主要来自农、林、牧业的经营活动。这些种植业和养殖业经营活动的收入,与城镇居民每月相对固定的工资性收入相比,周期较长,短则数月,长则数年,

---

① 易行健,王俊海,易君健.预防性储蓄动机强度的时序变化与地区差异[J].经济研究,2008(2):119—130.

除了技术与市场风险之外,还要受气候等自然因素的影响,"靠天吃饭"的经营收入也因此有了更大的不确定性。

另一方面,相对稳定的转移性收入在城乡居民收入来源中比例悬殊。根据我国的统计口径,居民转移性收入主要是指离退休金、价格补贴、社会优抚、福利救济、赡养收入等。其中离退休金收入构成了城镇居民转移性收入的主要组成部分,这也是城镇居民养老的主要保障。与此相比,农村居民的转移性收入只占其纯收入来源的百分之几,远低于城镇居民。城镇居民退休金、救济款等转移性收入占比是农村居民的三到六倍。

② 农村保障体系的薄弱使农村居民具有更强的储蓄动机

导致农村居民具有更强预防性储蓄动机强度的另一原因是农村社会保障体系的薄弱。所谓社会保障体系,涉及社会保险、社会福利、社会救助和社会优抚诸多方面,限于篇幅,难以一一尽述。择其要者,此处仅分析涉及面最广的养老与医疗两方面。

Ⅰ养老保险的差距

建立覆盖广泛、水平适当的城乡居民养老保险制度一直是我国政府推进社会保障事业的既定目标。多年以来,我国城镇职工基本养老保险制度建设稳步推进。到2011年,已有28391万名城镇居民参加了基本养老保险,覆盖面达到非农业人口总数的百分之六十。而限于国情,农村社会养老保险的覆盖面、保险基金人均支付金额和人均结存远低于城镇养老保险。表6—3显示了我国城乡居民养老保险发展水平的巨大差距。

表6—3　中国城乡居民养老保险对比

年份	参保人数				支付金额				年末结存			
	城镇		农村		城镇		农村		城镇		农村	
	人数(万)	覆盖率%	人数(万)	覆盖率%	总额(亿元)	人均(元)	总额(亿元)	人均(元)	总额(亿元)	人均(元)	总额(亿元)	人均(元)
2001	14 183	43	5 995	7	2 321	1 636	—	—	1 054	743	216	360.3
2002	14 736	42	5 462	6	2 843	1 929	—	—	1 608	1 091	—	—
2003	15 506	41	5 428	6	3 122	2 013	15	27.6	2 207	1 423	259	477.2
2004	16 353	42	5 378	6	3 502	2 142	—	—	2 975	1 819	285	529.9
2005	17 487	43	5 442	6	4 040	2 310	21	38.6	4 041	2 311	310	569.6
2006	18 766	45	5 374	6	4 897	2 610	30	55.8	5 489	2 925	354	658.7
2007	20 137	47	5 171	6	5 965	2 962	40	77.4	7 391	3 670	412	796.8
2008	21 891	50	5 595	6	7 390	3 376	57	101.9	9 931	4 537	499	891.9

续表 6—3

年份	参保人数				支付金额				年末结存			
	城镇		农村		城镇		农村		城镇		农村	
	人数（万）	覆盖率%	人数（万）	覆盖率%	总额（亿元）	人均（元）	总额（亿元）	人均（元）	总额（亿元）	人均（元）	总额（亿元）	人均（元）
2009	23 550	51	8 691	10	8 894	3 777	76	87.4	12 526	5 319	681	783.6
2010	25 707	56	10 267	12	10 555	4 106	200	195	15 365	5 977	423	412
2011	28 391	60	32 643	37	12 765	4 496	588	180	19 497	6 867	1 199.2	369

注：数据来源为历年劳动统计年鉴，其中覆盖率为参保人数除以非农业人口和农业人口，人均数值为保险基金支付金额和结存金额除以参保人数。2012 年 8 月起，新型农村社会养老保险和城镇居民社会养老保险制度全覆盖工作全面启动，合并为城乡居民社会养老保险。

Ⅱ 医疗保险的差距

医疗保险的深度和广度，也是影响居民储蓄行为的重要因素。1998 年 12 月，国务院发布了《关于建立城镇职工基本医疗保险制度的决定》(国发〔1988〕44 号)，在全国范围内进行城镇职工基本医疗保险制度的改革，参保职工和离退休人员数量逐年增加。到 2007 年，国务院又发布了《关于开展城镇居民基本医疗保险试点的指导意见》(国发〔2007〕20 号)，决定把基本医疗保险制度扩大到城镇非从业居民，到 2010 年在全国全面推开，两亿多城镇非从业居民从中受益。从 2003 年开始，经过多年酝酿的新型农村合作医疗制度在我国广大农村地区逐渐推开，近年其覆盖率已经达到 90％以上，超过了城镇职工和城镇居民基本医疗保险的覆盖率，但是其社会满意度、保障水平和支付的便利性都无法与城镇医疗保险相比。表 6—4 是我国城乡居民医疗保险的对比。从中可以看出两者在保障水平上的巨大差距。

表 6—4 中国城乡居民医疗保险的对比

年份	参加人数				当年筹资				当年支出			
	城镇		农村		城镇		农村		城镇		农村	
	人数（万）	覆盖率%	人数（万）	参合率%	总额（亿元）	人均（元）	总额（亿元）	人均（元）	总额（亿元）	人均（元）	总额（亿元）	人均（元）
2001	7 630	23	—	—	384	503	—	—	244	320	—	—
2002	9 400	27	—	—	608	647	—	—	409	435	—	—
2003	10 902	29	—	—	890	816	—	—	654	600	—	—
2004	12 404	32	8 000	9	1 141	920	40.3	50.4	862	695	26.4	33
2005	13 783	34	17 900	21	1 405	1 019	75.4	42.1	1 079	783	61.8	35
2006	15 732	37	41 000	47	1 747	1 110	213.6	52.1	1 277	812	155.8	38

续表 6—4

年份	参加人数				当年筹资				当年支出			
	城镇		农村		城镇		农村		城镇		农村	
	人数(万)	覆盖率%	人数(万)	参合率%	总额(亿元)	人均(元)	总额(亿元)	人均(元)	总额(亿元)	人均(元)	总额(亿元)	人均(元)
2007	22 311	52	72 600	83	2 257	1 012	428	58.9	1 562	700	346.6	48
2008	31 822	72	81 500	92	3 040	955	785	96.3	2 084	655	662	81
2009	40 147	90	83 300	94	3 672	915	944.4	113.4	2 797	697	923	111
2010	43 263	94	83 600	96	3 955	941	1 313	157	3 272	711	1 188	142
2011	47 343	100	83 200	97	5 539	1 170	2 046	246	4 431	942	1 710	205

注:数据来源为历年中国卫生统计年鉴,其中覆盖率和"新农合"参合率为参保人数除以非农业和农业人口数,人均当年筹资与当年支付等于总量除以当年参保人数。

由以上分析可以看出,在以养老和医疗为代表的社会保障体系的建设中,尽管政府已经付出了巨大努力,但城乡差别依然比较明显。农村居民养儿防老或攒钱养老的动机更为强烈。在缺乏医疗保障的情况下,一朝患病,数万元的医疗款足以让一个普通农村居民家庭倾家荡产。所以与城镇居民相比,由于保障体系的相对薄弱,农村居民对于未来同样的风险,比城镇居民有更强的预防性储蓄动机。

6.3 中国农村居民家庭银行储蓄存款财富效应测度

我国农村地域辽阔,各地历史文化和消费习惯各异,经济发展与金融服务水平差距巨大,银行储蓄资产在农村居民家庭消费中的作用各有不同。本节选用面板数据模型研究中国农村居民家庭银行储蓄资产的财富效应。

6.3.1 数据来源与模型设定

为了更好地对比研究全国各省份地区农村居民银行储蓄资产的财富效应,本节选取中国各省、自治区、直辖市 2000 年至 2012 年的年度数据,并依据国家统计局口径将全国分为东部、中部、西部三个区域,其中东部地区包括北京市、天津市、上海市、河北省、辽宁省、江苏省、浙江省、福建省、山东省、广东省、海南省等 11 个省、直辖市;中部地区包括山西省、吉林省、黑龙江省、安徽省、江西省、河南省、湖北省、湖南省等 9 个省;西部地区包括重庆市、四川省、贵州省、云南省、陕西省、甘肃省、青海省、广西壮族自治区、宁夏回族自治区、新疆维吾尔自治区、西藏等 11 个省、自治区、直辖市。由于西藏地区的农户储蓄无法获取,因此本书的西部地区包括除了西藏以外的其他10 个省、自治区、直辖市。

以农村居民人均消费支出水平代表居民消费水平指标,记为 $Cons_{it}$;以农村居民人均纯收入代表居民收入水平指标,记为 Y_{it};以各地区农户储蓄与该地区农业人口之比得到的人均储蓄作为储蓄资产指标,记为 S_{it}。其中,i 代表第 i 个地区,t 代表时期。2000～2012 年各地区农村居民人均消费支出和人均纯收入的数据来源于《中国统计年鉴》各期;各地区农户储蓄的数据来源于《中国金融年鉴》各期;各地区农业人口的数据来源于《中国人口和就业统计年鉴》各期。

考虑到通货膨胀的影响,使用国泰安数据库中 2000～2012 年各地区农村居民消费价格指数对上述所有数据进行平减。由于北京市、天津市、上海市、重庆市这四个直辖市的农村居民消费价格指数空缺,本书采用这些地区的居民消费价格指数予以替代。从而将各地区农村居民家庭人均消费支出、人均纯收入、人均银行储蓄存款转化成以 2000 年为基期的平减数据,并且进行对数处理。

测定农村居民家庭银行储蓄资产财富效应的面板计量模型为:

$$\ln Cons_{it} = \alpha_i + \beta_i \ln S_{i(t-1)} + \gamma_i \ln Y_{it} + \varepsilon_{it} \qquad (6\text{—}12)$$

其中,i 代表各省、直辖市、自治区,t 代表年份;a 为截距项;β_i 表示 $t-1$ 期的人均消费支出对 t 期的银行储蓄资产的弹性系数;γ_i 表示 t 期的人均消费支出对 t 期的人均纯收入的弹性系数,ε_{it} 代表误差项。

6.3.2 面板数据模型的实证

(1)面板单位根检验

为了避免伪回归,在设定模型前需要检验面板数据各序列的平稳性。由于考察的是面板数据,因此平稳性检验不再仅局限于时间序列的 ADF 单位根检验,尤其是近年来检验面板数据单位根的方法层出不穷,但各检验结果难以做到完全一致。为了增强检验结果的稳健性,克服单使用一种方法带来的偏差,本书同时采用 LLC、Breitung、IPS、ADF-Fisher、PP-Fisher 法分别对三个变量的原序列和一阶差分进行全国及东部、中部、西部的面板单位根检验。一般来说,只有当检验仅含截距项和同时包含截距项和时间趋势这两种情况下均拒绝原假设,才可认为数据平稳,因此,将同时对这两种情况进行验证。具体检验结果在表 6—5 和表 6—6 中列出。

表 6—5 面板数据(水平序列)单位根检验

序列		lncons		lns		lny	
截距与趋势		$(c,0)$	(c,t)	$(c,0)$	(c,t)	$(c,0)$	(c,t)
全国面板	LLC	8.505 56	−7.522 70	6.644 77	−3.787 05	20.703 2	−1.887 51
		(1.000 0)	(0.000 0)	(1.000 0)	(0.000 1)	(1.000 0)	(0.029 5)

续表 6—5

序列		lncons		lns		lny	
截距与趋势		$(c,0)$	(c,t)	$(c,0)$	(c,t)	$(c,0)$	(c,t)
全国面板	Breitung	—	3.744 91	—	2.534 40	—	9.837 39
		—	(0.999 9)	—	(0.994 4)	—	(1.000 0)
	IPS	13.907 8	−1.992 77	12.919 4	1.553 81	24.904 4	5.691 70
		(1.000 0)	(0.023 1)	(1.000 0)	(0.939 9)	(1.000 0)	(1.000 0)
	ADF-Fisher	8.547 62	87.342 8	9.667 11	51.412 9	0.216 60	25.942 6
		(1.000 0)	(0.012 1)	(1.000 0)	(0.777 3)	(1.000 0)	(1.000 0)
	PP-Fisher	18.008 4	102.628	17.606 6	61.146 2	0.124 06	62.855 0
		(1.000 0)	(0.000 5)	(1.000 0)	(0.434 6)	(1.000 0)	(0.375 5)
东部面板	LLC	3.963 75	−5.751 44	1.247 32	−3.406 11	12.024 9	0.287 39
		(1.000 0)	(0.000 0)	(0.893 9)	(0.000 3)	(1.000 0)	(0.613 1)
	Breitung	—	3.282 69	—	0.502 99	—	6.130 74
		—	(0.999 5)	—	(0.692 5)	—	(1.000 0)
	IPS	7.217 54	−1.946 04	5.634 19	−0.678 76	15.068 1	4.186 86
		(1.000 0)	(0.025 8)	(1.000 0)	(0.248 6)	(1.000 0)	(1.000 0)
	Fisher-ADF	8.133 39	38.680 1	4.934 31	30.619 9	0.131 65	6.249 72
		(0.996 8)	(0.015 4)	(0.999 9)	(0.104 2)	(1.000 0)	(0.999 6)
	Fisher-PP	17.822 2	44.185 8	12.966 4	31.339 0	0.117 78	12.643 4
		(0.716 5)	(0.003 4)	(0.934 1)	(0.089 4)	(1.000 0)	(0.942 6)
中部面板	LLC	4.745 09	−3.045 05	3.314 12	0.747 86	11.400 2	−1.597 77
		(1.000 0)	(0.001 2)	(0.999 5)	(0.772 7)	(1.000 0)	(0.055 0)
	Breitung	—	−0.364 61	—	2.804 87	—	4.312 87
		—	(0.357 7)	—	(0.997 5)	—	(1.000 0)
	IPS	7.468 19	−0.687 63	6.721 55	3.061 80	12.763 2	2.022 64
		(1.000 0)	(0.245 8)	(1.000 0)	(0.998 9)	(1.000 0)	(0.978 4)
	Fisher-ADF	0.237 74	18.621 9	3.522 42	3.934 53	0.011 92	6.134 15
		(1.000 0)	(0.288 8)	(0.999 5)	(0.999 0)	(1.000 0)	(0.986 6)
	Fisher-PP	0.112 59	17.514 2	3.481 49	5.402 85	0.003 33	17.444 5
		(1.000 0)	(0.353 1)	(0.999 5)	(0.993 4)	(1.000 0)	(0.357 4)

续表 6—5

序列		lncons		lns		lny	
截距与趋势		$(c,0)$	(c,t)	$(c,0)$	(c,t)	$(c,0)$	(c,t)
西部面板	LLC	3.963 75	−5.751 44	1.247 32	−3.406 11	12.024 9	0.287 39
		(1.000 0)	(0.000 0)	(0.893 9)	(0.000 3)	(1.000 0)	(0.613 1)
	Breitung	—	3.282 69	—	0.502 99	—	6.130 74
		—	(0.999 5)	—	(0.692 5)	—	(1.000 0)
	IPS	7.217 54	−1.946 04	5.634 19	−0.678 76	15.068 1	4.186 86
		(1.000 0)	(0.025 8)	(1.000 0)	(0.248 6)	(1.000 0)	(1.000 0)
	Fisher-ADF	8.133 39	38.680 1	4.934 31	30.619 9	0.131 65	6.249 72
		(0.996 8)	(0.015 4)	(0.999 9)	(0.104 2)	(1.000 0)	(0.999 6)
	Fisher-PP	17.822 2	44.185 8	12.966 4	31.339 0	0.117 78	12.643 4
		(0.716 5)	(0.003 4)	(0.934 1)	(0.089 4)	(1.000 0)	(0.942 6)

注:c 表示截距项,t 表示时间趋势;括号内报告了估计量的 P 值。

表 6—5 显示,取对数后的人均消费支出、人均银行储蓄资产和人均纯收入的原序列面板单位根检验,不论是全国面板还是东部、中部、西部面板,除了在同时包含截距项和时间趋势模型中拒绝原假设,其他方法不管是在仅含截距项 $(c,0)$ 模型中还是在同时包含截距项和时间趋势 (c,t) 模型中均不能拒绝"存在单位根"的原假设,即承认单位根的存在,可以认为对数化后的人均消费支出、人均银行储蓄资产和人均纯收入的水平值均是非平稳过程。

表 6—6 显示,在变量一阶差分序列的单位根检验中,除了东部、中部及西部面板的 lnY 在仅含截距项模型中 IPS 和 ADF-Fisher 检验接受原假设外,其他方法在所有检测区域都拒绝原假设,认为不存在单位根,即对数化后的人均消费支出、人均银行储蓄资产和人均纯收入的一阶差分序列平稳。因此,这三种变量的面板数据均为一阶单整 I(1) 过程。

表 6—6　面板数据(一阶差分序列)单位根检验

序列		Δlncons		Δlns		Δlny	
截距与趋势		$(c,0)$	(c,t)	$(c,0)$	(c,t)	$(c,0)$	(c,t)
全国面板	LLC	−13.564 2	−13.047 7	−11.384 2	−13.317 1	−7.041 50	−14.920 4
		(0.000 0)	(0.000 0)	(0.000 0)	(0.000 0)	(0.000 0)	(0.000 0)

续表 6—6

序列		Δlncons		Δlns		Δlny	
截距与趋势		$(c,0)$	(c,t)	$(c,0)$	(c,t)	$(c,0)$	(c,t)
全国面板	Breitung	—	−8.714 15	—	−6.618 52	—	−6.773 80
		—	(0.000 0)	—	(0.000 0)	—	(0.000 0)
	IPS	−8.861 87	−6.862 64	−8.026 14	−7.081 35	−1.988 54	−7.777 38
		(0.000 0)	(0.000 0)	(0.000 0)	(0.000 0)	(0.000 0)	(0.000 0)
	ADF-Fisher	181.964	146.188	167.020	150.720	83.495 0	162.428
		(0.000 0)	(0.000 0)	(0.000 0)	(0.000 0)	(0.024 2)	(0.000 0)
	PP-Fisher	213.153	209.501	172.287	215.048	110.020	263.115
		(0.000 0)	(0.000 0)	(0.000 0)	(0.000 0)	(0.000 1)	(0.000 0)
东部面板	LLC	−9.412 02	−8.600 76	−8.114 26	−9.005 98	−3.871 12	−8.276 09
		(0.000 0)	(0.000 0)	(0.000 0)	(0.000 0)	(0.000 1)	(0.000 0)
	Breitung	—	−5.377 29	—	−4.528 96	—	−3.691 64
		—	(0.000 0)	—	(0.000 0)	—	(0.000 1)
	IPS	−5.995 46	−4.771 26	−7.260 57	−6.077 32	−1.262 31	−3.634 40
		(0.000 0)	(0.000 0)	(0.000 0)	(0.000 0)	(0.103 4)	(0.000 1)
	Fisher-ADF	74.749 3	59.817 6	85.311 4	71.594 4	30.571 8	49.126 7
		(0.000 0)	(0.000 0)	(0.000 0)	(0.000 0)	(0.105 2)	(0.000 8)
	Fisher-PP	85.809 7	88.550 3	93.037 4	88.137 2	32.623 8	65.597 3
		(0.000 0)	(0.000 0)	(0.000 0)	(0.000 0)	(0.067 4)	(0.000 0)
中部面板	LLC	−5.283 12	−5.796 27	−5.012 83	−6.408 68	−3.985 88	−8.782 90
		(0.000 0)	(0.000 0)	(0.000 0)	(0.000 0)	(0.000 0)	(0.000 0)
	Breitung	—	−5.194 22	—	−3.106 31	—	−5.460 97
		—	(0.000 0)	—	(0.000 9)	—	(0.000 0)
	IPS	−3.502 65	−2.393 32	−2.904 77	−2.454 99	−1.261 88	−4.586 77
		(0.000 2)	(0.008 3)	(0.001 8)	(0.007 0)	(0.103 5)	(0.000 0)
	Fisher-ADF	38.436 2	29.902 2	34.169 9	30.940 5	22.520 0	48.034 4
		(0.001 3)	(0.018 5)	(0.005 2)	(0.013 7)	(0.127 2)	(0.000 0)
	Fisher-PP	41.978 1	33.570 4	32.889 5	37.520 2	25.616 9	72.837 4
		(0.000 4)	(0.006 2)	(0.007 6)	(0.001 8)	(0.059 7)	(0.000 0)

续表 6—6

序列		$\Delta lncons$		Δlns		Δlny	
截距与趋势		$(c,0)$	(c,t)	$(c,0)$	(c,t)	$(c,0)$	(c,t)
西部面板	LLC	−9.412 02	−8.600 76	−8.114 26	−9.005 98	−3.871 12	−8.276 09
		(0.000 0)	(0.000 0)	(0.000 0)	(0.000 0)	(0.000 1)	(0.000 0)
	Breitung	—	−5.377 29	—	−4.528 96	—	−3.691 64
		—	(0.000 0)	—	(0.000 0)	—	(0.000 1)
	IPS	−5.995 46	−4.771 26	−7.260 57	−6.077 32	−1.262 31	−3.634 40
		(0.000 0)	(0.000 0)	(0.000 0)	(0.000 0)	(0.103 4)	(0.000 1)
	Fisher-ADF	74.749 3	59.817 6	85.311 4	71.594 4	30.571 8	49.126 7
		(0.000 0)	(0.000 0)	(0.000 0)	(0.000 0)	(0.105 2)	(0.000 8)
	Fisher-PP	85.809 7	88.550 3	93.037 4	88.137 2	32.623 8	65.597 3
		(0.000 0)	(0.000 0)	(0.000 0)	(0.000 0)	(0.067 4)	(0.000 0)

注:"Δ"表示对变量作一阶差分;括号内报告了估计量的 P 值。

（2）面板协整检验

面板单位根检验显示,我国 30 个省、直辖市、自治区的农村居民人均消费支出、人均银行储蓄资产为一阶单整,它们之间可能存在协整关系。为保证结论的可靠性和检验的稳健性,本节分别采用 Kao 的 ADF 检验、Pedroni 的 7 个统计量与 Johansen 统计量来检验面板数据是否存在长期稳定联系,结果见表 6—7。

表 6—7 Kao 检验和 Pedroni 检验的面板协整结果

统计量名	检验假设	统计量值(P 值)			
		全国	东部	中部	西部
ADF	H_0:不存在协整关系($\rho=1$)	−4.866 656	−3.117 159	−4.290 565	−4.583 774
		(0.000 0)	(0.000 9)	(0.000 0)	(0.000 0)
Panelv-Statistic		2.815 208	1.804 730	0.436 925	1.594 431
		(0.002 4)	(0.035 6)	(0.331 1)	(0.055 4)
Panelrho-Statistic	H_0:$\rho_i=1$ H_1:($\rho_i=\rho$)<1	2.824 340	0.954 591	0.564 220	2.259 320
		(0.997 6)	(0.830 1)	(0.713 7)	(0.988 1)
PanelPP-Statistic		−4.790 328	−5.595 038	−1.524 597	−2.475 017
		(0.000 0)	(0.000 0)	(0.063 7)	(0.006 7)
PanelADF-Statistic		−3.224 271	−4.482 994	−3.750 884	−2.563 825
		(0.000 6)	(0.000 0)	(0.000 1)	(0.005 2)

续表 6—7

统计量名	检验假设	统计量值（P 值）			
		全国	东部	中部	西部
Grouprho-Statistic		5. 176 148 (1. 000 0)	2. 700 461 (0. 996 5)	1. 900 546 (0. 971 3)	3. 129 653 (0. 999 1)
GroupPP-Statistic	$H_0: \rho_1 = 1$ $H_1: \rho < 1$	−6. 591 381 (0. 000 0)	−5. 323 662 (0. 000 0)	−1. 609 424 (0. 053 8)	−4. 981 775 (0. 000 0)
GroupADF-Statistic		−3. 306 861 (0. 000 5)	−3. 061 969 (0. 001 1)	−4. 442 152 (0. 000 0)	−2. 465 065 (0. 006 8)

注：括号内报告了估计量的 P 值。

表 6—7 表明，Kao 的 ADF 检验法均拒绝了四个面板三变量间"不存在协整关系"的原假设，说明变量间存在着长期稳定的均衡关系。每一个标准化的统计量都趋于正态分布，但在小样本情况下，Panel ADF 和 Group ADF 统计量的检验效果更好。在 Pedroni 检验结果中，虽然 7 个统计量并没有都通过检验，但 Panel ADF 和 Group ADF 两个重要统计量都通过了检验，就可以认为，这些非平稳时间序列存在着协整关系。

（3）不同地区面板模型形式的判定

面板数据模型种类繁多，需要根据具体情况对模型形式的选择进行检验，常用的方法是 Hausman 检验和协变分析检验（analysis of covariance），也称 F 检验。

表 6—8　模型形式设定检验结果

	统计量	自由度	值	5% 临界值	结论	模型形式
全国	χ^2	2	10. 959 2	5. 99	拒绝	固定效应
	F_2	(87, 300)	38. 301 3	1. 32	拒绝	变系数模型
	F_1	(58, 300)	6. 943 4	1. 38	拒绝	变系数模型
东部	χ^2	2	6. 354 0	5. 99	拒绝	固定效应
	F_2	(30, 110)	42. 778 8	1. 57	拒绝	变系数模型
	F_1	(20, 110)	7. 916 9	1. 68	拒绝	变系数模型
中部	χ^2	2	6. 777 4	5. 99	拒绝	固定效应
	F_2	(21, 80)	15. 713 7	1. 72	拒绝	变系数模型
	F_1	(14, 80)	8. 500 1	1. 81	拒绝	变系数模型

续表 6—8

	统计量	自由度	值	5%临界值	结论	模型形式
西部	χ^2	2	6.999 2	5.99	拒绝	固定效应
	F_2	(30,110)	17.722 5	1.57	拒绝	变系数模型
	F_1	(20,110)	3.110 6	1.68	拒绝	变系数模型

注:Hausman 检验和统计量 F_2、F_1 根据前文计算得到。

从表 6—8 所示的全国及东、中、西部地区农村居民银行储蓄资产财富效应模型的 Hausman 检验结果中可以看出,全国及东、中、西部地区的 W 统计量均大于临界值,这说明这四个模型都拒绝了"个体影响与解释变量不相关"的原假设,因此应该将这些区域的农村居民银行储蓄资产财富效应模型中的个体影响确定为固定影响形式。

同时,这四个模型的进一步检验结果表明,全国及东、中、西部农村居民银行储蓄资产财富效应模型的 F_2 和 F_1 均在 5％的显著性水平下大于临界值,可见,在模型形式设定检验时,四个面板数据先拒绝了 H_2 又拒绝了 H_1,因此,全国及东、中、西部农村居民银行储蓄资产财富效应模型都应采用变系数形式。

综上所述,本节应分别建立全国、东部地区、中部地区和西部地区农村居民银行储蓄资产财富效应的固定影响变系数模型。

(4)实证结果

在确定了各地区的模型形式后,分别对全国总体以及东部、中部、西部地区进行模型系数的估计。由于各省市农村居民在消费结构上存在一定差异,因此可采用 GLS(广义最小二乘法),即以横截面模型残差的方差为权数对模型进行估计。在运用面板数据模型时最常见的问题就是横截面异方差和序列自相关性,此时运用 OLS 可能会导致结果失真,因此采用 SUR(不相关回归方法)对我国东、中、西部地区进行分析来估算方程。在估算全国范围时,时序个数小于横截面个数,所以采用 CSW(截面加权估计法)。

由于全国总体与东、中、西部地区农村居民银行储蓄资产财富效应均采用固定效应变系数方程,且实证检验显示,不管是银行储蓄资产弹性系数还是人均纯收入弹性系数在数值大小和显著性水平上均差别不大,即全国总体的估计结果与分地区的估计结果基本一致。在这里仅列出分地区模型中统计量和统计量的估计结果,见表 6—9。

表6—9　东、中、西部地区各省市面板检验结果

东部			中部			西部		
地区 i	β_i 统计量	γ_i 统计量	地区 i	β_i 统计量	γ_i 统计量	地区 i	β_i 统计量	γ_i 统计量
北京	0.47***	0.12***	山西	−0.07**	1.6***	陕西	0.35***	0.41***
(BJ)	(22.52)	(2.95)	(SX)	(−2.16)	(23.83)	(SA)	(5.08)	(3.7)
天津	−0.21***	1.36***	吉林	0.09*	0.81***	甘肃	0.28***	0.53***
(TJ)	(−9.21)	(27.76)	(JL)	(1.79)	(9.72)	(GS)	(5.66)	(3.90)
河北	0.42***	0.68***	黑龙江	−0.35***	1.5***	宁夏	0.05***	1.05***
(HB)	(33.51)	(31.65)	(HL)	(−3.63)	(10.13)	(NX)	(9.27)	(34.89)
辽宁	−0.46***	1.48***	安徽	0.55***	0.25***	重庆	0.21***	0.55***
(LN)	(−8.07)	(21.63)	(AH)	(19.80)	(5.98)	(CQ)	(14.5)	(27.12)
上海	0.53***	−0.80***	江西	0.4***	0.13	新疆	−0.09***	1.27***
(SH)	(50.47)	(−19.36)	(JX)	(8.41)	(1.56)	(XJ)	(−2.83)	(18.56)
江苏	0.01	1.19***	河南	0.19***	0.78***	四川	0.80***	−0.3**
(JS)	(1.42)	(36.67)	(HE)	(2.85)	(9.86)	(SC)	(8.56)	(−1.99)
浙江	0.41***	0.22***	湖北	0.31***	0.48***	贵州	0.04***	0.99***
(ZJ)	(36.92)	(7.23)	(HU)	(4.71)	(4.3)	(GZ)	(3.81)	(30.04)
福建	0.01	0.996***	湖南	0.05	0.78***	云南	0.60***	−0.29**
(FJ)	(1.42)	(45.52)	(HN)	(0.5)	(5.15)	(YN)	(10.77)	(−2.48)
山东	0.04***	0.99***				广西	0.42***	0.038
(SD)	(3.26)	(34.89)				(GX)	(6.52)	(0.27)
广东	0.15***	0.67***				内蒙古	0.09***	0.87***
(GD)	(11.02)	(24.86)				(NM)	(8.23)	(41)
海南	−0.057***	1.12***				青海	−0.0024	1.26***
(HA)	(−6.33)	(77.52)				(QH)	(−0.14)	(30.5)
F 值	129 651.70		F 值	1 868.89		F 值	58 420.24	
$\bar{R}^2$	0.999 968		$\bar{R}^2$	0.997 794		$\bar{R}^2$	0.999 930	
D. W 值	2.33		D. W 值	2.21		D. W 值	2.27	

注：β_i 表示上期人均银行储蓄资产对本期人均消费支出的弹性系数，γ_i 表示本期人均纯收入对本期人均消费支出的弹性系数；"＊＊＊"表示1％的显著性水平，"＊＊"表示5％的显著性水平，"＊"表示10％的显著性水平；括号内为 t 统计量。

从表6—9的估计结果可以看出,分地区的三个面板模型拟合系数都接近100%,模型总体也都通过了显著性检验。30个省、直辖市、自治区农村居民上期人均银行储蓄资产对本期人均消费支出的弹性系数以及本期人均纯收入对本期人均消费支出的弹性系数绝大部分通过了显著性检验,且存在较大差异。具体来看,三大地区中除极个别省份的人均纯收入弹性系数为负外,绝大多数省份的人均纯收入弹性系数为正值,且明显大于相应的银行储蓄资产弹性系数,这说明不管在经济相对发达的东部地区还是经济相对薄弱的中西部地区,农村居民人均纯收入的提高仍然是拉动其消费支出最主要的因素,起到促进消费的积极作用。其中,东部地区大部分省份、直辖市的农村居民人均纯收入弹性系数接近或超过1,且系数值也普遍高于中西部地区,可见经济发展程度与收入的财富效应有显著的正向关系。

东部、中部、西部地区的农村居民银行储蓄资产财富效应均有正有负,但存在正向影响财富效应的省份要明显多于存在负向影响财富效应的省份。对处于不同经济区域的省份进行统计,得到不同区域农村居民银行储蓄资产正、负财富效应的分布情况,表6—9显示,全国30个省、自治区、直辖市中仅有7个省、自治区、直辖市的农村居民存在负向的银行储蓄资产财富效应,其中拥有较高经济发展水平的东部地区占3个(天津市、辽宁省、海南省),经济发展水平较为低下的中部和西部地区各占2个(中部地区:山西省、黑龙江省;西部地区:新疆维吾尔自治区、青海省)。尤为值得注意的是,西部地区农村居民银行储蓄资产存在负向影响的青海省的弹性系数未通过显著性检验,而新疆维吾尔自治区的弹性系数仅为−0.0872,可见其负向财富效应极其微弱。表6—9所示的检验结果还表明,不同经济区域的农村居民银行储蓄资产弹性系数的绝对值都不超过1。在银行储蓄资产财富效应的有效影响系数中,最大和最小值均出现在西部地区——最大为四川省的0.8030,最小为贵州省的0.0377。

6.3.3 实证结果普惠金融视角的分析

以上实证结果显示,除少数地区外,中国大多数省份的农村居民银行储蓄资产呈现出较为明显的促进消费的财富效应。然而基于普惠金融的视角,进一步的分析表明,表6—9中各地区农村居民银行储蓄资产财富效应与第五章表5—8各地区普惠金融因子得分值相关系数很低,只有0.08,而收入的边际消费倾向与普惠金融因子得分的相关系数为−0.3,呈负的弱相关。以下从普惠金融的视角尝试初步的解释。

(1)农户银行储蓄资产财富效应与普惠金融发展程度不相关的原因

根据财富效应的发生机理分析,来自"货币余额"——居民银行储蓄增加的财富效应,可能有三个:永久性收入预期效应、预算约束效应和信心效应。

首先,银行储蓄的永久性收入预期较低且与金融服务普及程度关系较弱。农村居民家庭银行储蓄存款带来的永久性收入预期主要来自存款利息,农信社、农村合作银行和农村商业银行是农户储蓄的主要渠道,而在城乡一体化的进程中,农村青壮年在城镇打工期间的储蓄场所是遍布城镇各地的各大商业银行,银行的普及程度足以使得农村居民改变储蓄方式,从传统的现金窖藏变为银行存款。与此同时,由于传统习惯和受限于金融服务的普及程度,农村居民家庭的金融资产投资渠道有限,股票、债券、投资基金等现代金融投资方式基本不在农户考虑之列,银行储蓄资产是农村居民最主要的、几乎是唯一的投资渠道,而低下的银行储蓄存款利率和相对较少的储蓄总量使得来自银行储蓄存款利息收入的永久性收入预期不够强烈,且与金融服务普及程度基本不相关。

第二,农户储蓄资产增加对预算约束效应的缓解使其对金融服务需求下降。预算约束效应本意是某种资产,比如房地产价格上涨,导致欲购房的居民增加储蓄或者进入金融市场,如果金融排斥现象严重,则会由于居民难以获得信贷支持而抑制居民消费。而中国农村居民由于量入为出的传统消费习惯和银行储蓄资产的积累,恰恰缓解了这种预算约束,银行储蓄资产越是增加,则居民用于消费的资金越宽裕,对金融服务的需求随之下降。

第三,信心效应在带来财富效应的同时使农村居民弱化了农户金融需求。"手中有粮,心中不慌",是千百年来中国农村居民消费心理的真实写照,而农户最主要的收入来源是来自农业生产的经营性收入,这种收入受气候变化和市场波动的影响,存在很大的不确定性。而省吃俭用逐步积累的银行储蓄存款,是农户的基本家底,家底渐趋殷实,财富日积月累,使农户获得内心安宁的同时也积累了消费的底气,与此同时,农户收入结构的不稳定性使其对消费类贷款需求一直缺乏兴趣,因此储蓄存款的增加带来的信心效应在产生促进消费的财富效应的同时,进一步弱化了农户金融需求。

（2）农户收入的边际消费倾向与普惠金融发展程度弱负相关的原因

一般而言,居民收入的用途主要有三个:消费、投资和储蓄,而投资和储蓄的增加离不开金融服务的发展。金融服务越普及,居民投资渠道越宽广,储蓄越便利,用于消费的支出就越少。如本课题第五章所述,中国农村地区存在较为严重的金融排斥,随着城乡一体化建设的推进,金融服务逐渐向农村普及,而进城打工的农村户籍居民中有许多逐渐成为城镇常住人口,这在历年人口统计资料中显示得十分清楚。这部分人口主要是农村青壮年劳动力,他们既是农户家庭收入的主要来源,也是农村户籍人口中最早享用城镇地区金融服务的,也是农村居民中普惠金融体系的主要参与者。普惠金融体系越发达,则这部分人口越是能够深入全面地参与其中,投资可选择的品种越多,储蓄的多样化需求越容易满足,投资和储蓄增加,则消费相应减少,这是农户收入的边际消费倾向与普惠金融发展程度负相关的原因。但是由于历史习惯以及现实的制度和成本壁垒,农村地区还留守着大量的老人和儿童,现实经济运行过程中的结构调整等因素也使农村青壮年在城镇地区随时面临失业风险,所以农村居民收入中究竟花多少用于消费,主要取决于预防性储蓄动机的强弱,并不主要受金融服务发展程度的影响。这就是农村居民收入的边际消费倾向与金融发展程度负相关,同时这种负相关又比较微弱的原因。

第七章　中国农村居民家庭住宅
资产财富效应研究

　　传统理论中居民家庭资产的财富效应主要来自货币余额的变化,随着各国居民家庭资产的多元化和财富结构的不断演进,居民财富早已不再局限于单一的货币余额形式。学术界财富效应研究的视野已从货币余额扩展到包括居民房地产在内的多种资产。经过多年的改革,中国房地产市场已经取得了长足的进步。以住宅资产为代表的房地产已成为中国居民家庭财产中最大的组成部分。在 1998 年之后逐渐推进的各项事业改革中,与涉及民生的其他领域相比,住房改革比教育、养老和医疗改革涉及面更广,给居民造成的经济负担的迫切性更现实、更直接。而中国房地产市场发展中变化最多,矛盾最集中的是城镇居民的住房问题。然而随着城乡一体化进程的深入,大量进城务工的户籍农民已成为事实上的城镇常住居民。城镇住房的财富效应不仅影响到进城务工经商的户籍农民的城市融入,也影响到农村留守人口(主要是老人与儿童)的消费行为。本章将从消费函数的角度,重点讨论中国城镇和农村居民住宅资产财富效应,将我国城镇和农村居民家庭住宅资产财富效应进行对比实证检验,并讨论中美两国房市牛市期间在促进居民消费的财富效应方面的表现,以此深入探讨住宅资产发挥财富效应的作用机理和影响因素。

7.1　房地产财富效应的作用原理

　　国务院《关于促进房地产市场持续健康发展的通知》(国发〔2003〕18 号)对我国房地产市场持续健康发展的重要意义进行了清晰的表述:房地产业关联度高,带动力强,已经成为国民经济的支柱产业。促进房地产市场持续健康发展,是提高居民住房水平,改善居住质量,满足人民群众物质文化生活需要的基本要求;是促进消费,扩大内需,拉动投资增长,保持国民经济持续快速健康发展的有力措施;是充分发挥人力资源优势,扩大社会就业的有效途径。实现房地产市场持续健康发展,对于全面建设小康社会,加快推进社会主义现代化具有十分重要的意义。而现阶段房地产市场如何能够促进消费、扩大内需是有待深入探讨的主题。本节将在 LC-PIH 理论框架下阐述房地产财富效应的发生机理,分析住宅资产财富效应的传导机制和作用方向。

7.1.1 LC-PIH 理论框架中住宅资产财富效应的发生机理

LC-PIH 即生命周期和持久收入理论启发了住宅资产财富效应发生机理的分析思路。从财富效应的角度看,如果消费者觉得财富变化可带来永久性收入,则会增强对未来的信心而促进其消费。

从长期看,在成熟的市场经济国家,房地产收益的稳定性明显强于股市,房地产价格反转的概率和波动幅度明显低于股票市场。居民得自房地产租金的收益、买卖差价和再融资数额的增加很容易被视作永久性收入。而且由于土地资源的稀缺和人口数量的不断膨胀,房地产供给的弹性远远小于其需求弹性(包括收入弹性和价格弹性)。这意味着通常情况下,只要不发生严重的经济危机,房地产价格有可能在一个相当长的时期内保持只升不降。与股票相比,由房地产带来的收入更容易被消费者看成是永久性收入,从而增强经济运行景气,促进消费。

根据生命周期理论,消费者将在其整个生命周期内配置自己的资产和收入,以追求其一生效用最大化。前瞻性的消费者将会根据自己对一生资产和收入的估计来安排现期的消费。当初期财富一定,如果当期收入高于其生命周期内平均水平,即暂时性收入较高时,储蓄也较高。反之,如果当期收入低于生命周期平均水平,则储蓄为负,即消费者会借款用于消费。当今社会消费信贷市场的高度发达,不仅为消费者购房提供了便利,也平滑了消费者的购房支出,有利于保持生活性消费支出的稳定和住宅资产财富效应的发挥。

7.1.2 住宅资产财富效应的直接与间接传导渠道

基于以上分析,可以探寻住宅资产财富效应的传导渠道。具体而言,由房地产市场的繁荣而促进消费,可能有直接与间接两种渠道。直接传导渠道是指由于房地产的市场的繁荣引起了可兑现的居民永久性收入的增长导致的消费增加,一方面,居民家庭住宅资产价值升高,来自住宅资产的租金收益、投资于住宅资产的资本利得和利用住宅资产获得的再融资,作为已经兑现的永久性收入,可直接促进居民消费。另一方面,作为国民经济的支柱性产业,房地产市场具有很高的产业关联度,它的发展对国民经济其他部门的增长具有明显的带动作用,购销两旺的住宅市场将对建筑材料、物流运输、餐饮娱乐、家电家居等行业产生强大的前瞻、后顾和旁侧影响,这种影响还可通过乘数作用,在一定的时空范围内增加国民收入,促进居民消费。

与直接传导机制相比,间接传导不需要或者一时不可能兑现由于房地产市场繁荣带来的收益增加,但是由于房价的不断上涨,使得居民家庭对未来国民经济增长抱有乐观的预期,认为眼前的住宅资产价格上涨带来的是永久性收入,即使收益一时无法兑现,甚至在当期可支配收入并未增加的情况下,也会由于财富幻觉导致的消费者信心指数趋强而增加消费。

7.1.3　居民住宅资产财富效应的作用方向

我国的房地产市场化进程时间较短,迄今没有经历过一个完整的起伏周期,所以上述分析都是以房地产市场持续繁荣为例。但是现实世界的复杂性可能导致各种不同的效应,房地产市场价格的持续上涨对消费的影响,可能是正向的促进,也可能是逆向的抑制作用。

房地产市场日渐繁荣导致的正向财富效应主要来自以下渠道,首先是多数只拥有一套住宅的普通工薪阶层,尽管房地产价格上涨带来的收益一时无法兑现,但是由于房价上涨增强了他们对未来的信心,这种财富幻觉导致其现期消费支出增加。其次是拥有多套住宅甚至拥有经营性房地产的投资者,在上升的房市中获得了实际兑现的各种收益,比如租金收益、资本利得乃至经营性收入的增加,由于房地产市场相对于股票市场的稳定性,这些收益很容易被视为永久性收入,永久性收入将会带来相对稳定的消费支出增长。第三是房地产市场的债务人,严格说来这些债务人可能包含于前两者之中,也就是不论是只有一套住宅的普通工薪阶层,还是拥有多处房产的投资者,都有可能是背负房贷的人。这些人在不断上涨的房市中对自己贷款购房的行为评价过高,出现信心膨胀,并进一步强化了对未来房市继续上涨的乐观预期。在过度自信的驱使下,即使身背债务,也会把房地产的名义增长视为实际增长,暂时性收入视为永久性收入,进而扩大消费支出。第四是作为国民经济支柱产业的房地产业具有较高的产业关联度,它对国民经济其他产业的带动作用将通过乘数效应,增加参与其间的居民家庭的当期消费。

以上房地产财富效应的正向作用机制可用图 7—1 加以表示。

与此相反,房地产市场的繁荣在一定条件下,也可能对居民消费产生抑制作用,出现所谓逆向财富效应。图 7—2 显示了这种逆向作用。

首先,缺乏积蓄的青年人因无力支付购房首付而租房居住,面临上涨的房市,不仅要为日益抬高的购房首付门槛加紧储蓄,而且由于租金的上涨,进一步挤占了现期消费。

其次,已经购房并且正在还贷的中青年面临预算约束,影响了当期的消费。从微观层面看上看,经过多年打拼并积累了足够首付的中青年消费者,如果已经购房并且正在还贷,未必会由于购房后房价的上升而增加还贷负担,但是微观的简单加总未必能与宏观统计相一致。从动态的宏观层面分析,如果房价持续上涨,将使梯次加入购

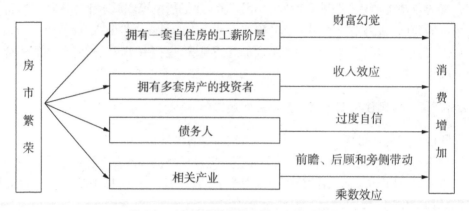

图 7—1　房地产财富效应的正向促进机制

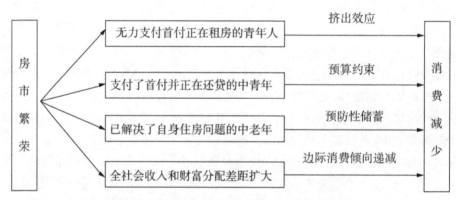

图 7—2　房地产财富效应的逆向抑制作用

房群体的家庭,面临越来越高的首付和还贷压力,绝大多数家庭将在购房后的相当长一段时期内,由于可支配收入上涨有限而不得不节衣缩食,减少消费支出。

第三,早已解决了住房问题的中老年人,在房市持续上升的情况下为儿孙进行预防性储蓄,减少了自身的当期消费。这批中老年人,有的由于自身相对雄厚的经济实力,有的受益于国家的房改政策,本身早已解决了住房问题。房价的涨跌与否,本与他们无关。但是由于受中国传统家庭观念的影响,面临持续上涨的房市,他们往往选择节衣缩食,为儿孙将来的购房进行预防性储蓄,这种情况在当下的中国极为普遍。

第四,如果房价上涨过快,还将导致居民收入和财富分配差距的扩大,根据消费者行为的一般规律,富裕家庭的消费固然会与其收入或财富的增长一道增加,但是其边际消费倾向是递减的。全社会收入和财富分配差距的扩大将减少居民家庭部门的总体消费。

7.2　城乡居民家庭住宅资产财富效应比较

中国城镇住房制度改革极大地改善了城镇居民居住环境,在城镇居民人均住宅建筑面积不断增大并逐渐接近农村居民的同时,城镇住宅的销售价格也远远超过农村住宅,导致城镇居民家庭人均住宅资产的价值也远高于农村居民。既如此,城镇居民家庭住宅资产是否具有比农村居民更为明显的财富效应? 以上7.1所述财富效应的发生机理、传导机制和作用方向,更适用于已经市场化的住宅资产,而我国农村地区土地流转并未大规模全面展开,农户出售小产权房的合法性一直存在争议和不确定性,则农村居民住宅是否没有财富效应? 本节将对城乡居民家庭住宅资产财富效应进行比较研究。

7.2.1　数据来源和处理

1998年7月3日国务院发布了《关于进一步深化住房制度改革加快住房建设的通知》(国发〔1998〕23号文),宣布全国城镇从1998年下半年开始停止住房实物分配,全面实行住房分配货币化,同时建立和完善多层次城镇住房供应体系。因此本节面板数据的时间跨度从1999年开始。

本节所用的城镇部分的面板数据,消费和收入数据分别取自历年中国统计年鉴"人民生活/各地区城镇居民人均消费支出"和"人民生活/各地区城镇居民人均可支配收入"。

人均住宅资产等于各地区住宅总资产除以各地区人数,住宅总资产等于各地区城镇年末实有住宅建筑面积乘以各地区住宅平均销售价格。这两组数据分别来自中国统计年鉴城市概况和固定资产投资栏目。由于2007以后各地区城镇实有住宅建筑面积至今尚未公布,2008年中国统计年鉴公布的数据中注明2007年数据为2006年的。经面板数据图形描述,发现各地区历年此项指标全部为非稳定数据,且呈逐年递增的线性趋势,不宜用移动平均和指数平滑方法处理,因此本书采用线性回归的方法,用1999年到2006年共八年的数据对2007和2008年的数据进行了外推估计。

各地区城镇人口取自《中国人口统计年鉴》的非农业人口,由于我国人口统计中,城镇和乡村人口的统计口径为常住人口,农业和非农业人口的统计范围为户籍人口,且中国统计年鉴05年前后的统计口径不一,根据本节研究住房资产的需要,采用农业和非农业的分类方法更符合城乡住宅资产财富效应生成规律。

关于统计模型中数据的物价指数平减问题,国内学者在进行大城市样本研究时由于难以获得各大城市历年物价指数,所以有的研究未剔除物价影响,有的研究用全国通货膨胀指数进行平减。为增加估计的精确度,本节用各地区城镇居民消费价格指数对城镇人均消费支出和人均可支配收入进行了平减。在人均住宅价值的平减中,由于无法获得各省级行政区域城镇住宅价格指数,本节以各省、直辖市和自治区城镇居民居住消费指数进行平减。各地区城镇居民消费价格指数来自《中国统计年鉴》各期,各地区城镇居民居住价格指数来自《中国城市(镇)生活与价格年鉴》各期。这些指数的编制都是以上年为100,本节平减的方法是先将所有指数除以100,再以1998年为定基,从1999年起依次以当年指数乘以上年数据,得到当年定基价格指数。再以各年各省、自治区和直辖市的城镇居民人均可支配收入、人均消费支出和人均住房价值除以各自的定基价格指数,得到经平减的当年实际数值。

本节所用的农村部分的面板数据,时间跨度为1999到2008年。全国大陆境内31个省、自治区和直辖市全部包含在内。消费数据取自中国统计年鉴2000到2009各期的"各地区农村居民家庭人均生活消费支出";收入数据来源于中国统计年鉴2000到2009各期的"各地区农村居民家庭人均纯收入"。住房价值等于人均住房面积乘以住房单位价值。人均住房面积和单位住房价值均来自中国统计年鉴2000到2009各期"各地区农村居民家庭住房情况"。为尽量准确计量,上述人均收入、人均消费支出均用1999到2008年农村居民消费物价指数进行了平减。各地区农村居民人均住房价值用各地区农村居民居住价格指数进行平减,平减的方法同上。

7.2.2 检验模型和计量结果

为全面反映城乡居民住宅资产的财富效应,本节计量模型分别采用货币价值形式和对数形式,检验模型为:

$$XF_{it} = a_0 + a_1 ZZ_{it-1} + a_2 SR_{it} + \varepsilon_{it} \tag{7—1}$$

$$\log(XF_{it}) = b_0 + b_1 \log(ZZ_{it-1}) + b_2 \log(SR_{it}) + \xi_{it} \tag{7—2}$$

其中 i 为各省市自治区行政区划,t 为1999年到2008年,XF 为居民人均消费支出,ZZ 为人均住宅资产价值,SR 为居民人均收入,住宅资产根据 LC-PIH 推导出的检验模型,应为上一期数值。下述计量结果(7—3)到(7—6)式中各变量以后缀字母 C 表示城镇居民,N 表示农村居民。

在具体计量模型选择中,经对比分析,城乡个体固定效应模型均优于各自的混合模型和个体随机效应模型。财富效应检验结果如下:

各地区城镇居民1999到2008年面板数据检验结果为:

$$XFC_{it} = 988 - 0.002 ZZC_{it-1} + 0.66 SRC_{it} \tag{7—3}$$

$$t \quad\quad 20.6 \quad -1.66 \quad\quad\quad 73.1$$

$$P \quad\quad 0 \quad\quad 0.099 \quad\quad\quad\quad 0$$

$$A-R^2 = 0.99, \quad F = 1038$$

$$\log(XFC_{it}) = 1.04 + 0.002\log(ZZC_{it-1}) + 0.85\log(SRC_{it}) \qquad (7\text{—}4)$$

| t | 15.8 | 0.3 | 60 |

| P | 0 | 0.76 | 0 |

$$A-R^2 = 0.99, F = 1273$$

各地区农村居民 1999～2008 年面板数据检验结果为：

$$XFN_{it} = -131.8 - 3.82 \times 10^{-5} ZZN_{it-1} + 0.79 SRN \qquad (7\text{—}5)$$

| t | -5.3 | -0.008 | 57.5 |

| P | 0 | 0.99 | 0 |

$$\log(XFN_{it}) = -1.09 + 0.02\log(ZZN_{it-1}) + 1.08\log(SRN_{it}) \qquad (7\text{—}6)$$

| t | -11.8 | 0.77 | 41.98 |

| P | 0 | 0.44 | 0 |

$$A-R^2 = 0.99, F = 1142$$

计量结果表明，在此期间城乡居民住宅资产均未表现出明显的财富效应。

7.2.3　检验结果的金融学分析

城镇居民住宅 1999 年之后逐步实现了市场化，但是多数居民仍然只有一套住房，并无多余住房用于出租或投资，即便随着房价的不断攀升，其住宅价值也随之上涨，也无法兑现这种资产的增值。虽然有部分"先富起来"的城镇居民可以兑现其住房资产增值，但是房价的上涨对多数居民尤其是年轻而缺乏积蓄的中低收入者反而造成了对消费的挤出效应，两相抵消之后，最后城镇居民住宅资产增值的财富效应仍然接近于零。

我国现有农村住房制度主要体现在宅基地制度层面，其基本特征是"一户一宅"、"面积法定"、"无偿取得和使用"以及"限制流转和抵押"。宅基地制度侧重对农民的福利和保障，导致宅基地只有使用功能而无资产资本功能。长期以来，我国广大的农村地区一直实行村民自建房政策，即由农村基层政府批给宅基地，由农民自己建设住房，其房屋用于自住，并不允许市场化的自由买卖。既然不可交易，就无法出售获得资本利得，也无法作为抵押品而获得信贷支持而平滑消费。同时限于农村经济条件，农户住宅周边的生活配套设施有限，也难以通过出租获得永久性收入，所以住宅资产正向财富效应便无从发挥。

另一方面，虽然由于城乡经济发展水平的差距，农村居民住房在样式、材料、设施和周边生活环境的便利性等方面与城镇相比还存在较大差距，但是在土地供应和建筑成本方面比城镇居民有很大优势，尤其是宅基地可以无偿获得，因此尽管农村居民住宅人均面积一直高于城镇居民，但是并未出现由于自建住房造成预算约束而降低消费的挤出效应。总体而论，农村居民住宅对其消费的影响，既无正向效应，也无负向效应,检验结果也证实了这一点。

7.3 从美国经验看中国居民住宅资产财富效应的制约因素

7.3.1 计量模型

7.2 节的实证表明中国城镇和农村居民住宅资产价值的上升均未能表现出明显的带动居民消费的财富效应,而根据经典理论,住宅资产价值的增加理应对居民消费有一定的影响。影响居民住宅资产财富效应发挥的因素究竟有哪些? 回答这个问题,需要将中国与发达国家成熟的房地产市场进行对比实证。中国农村居民家庭由于历史和现实的因素,其住宅并未实现市场化,住宅更多地是一种生活必需品而不是可以交易的资产,其财富效应难以发挥。要通过国内外对比发现影响居民住宅资产财富效应发挥的主要因素,只有通过中国城镇居民住宅资产与国外成熟市场经济中居民住宅资产财富效应的对比。国内学者目前的研究侧重于中国房价上涨边际消费倾向的测度,对房市繁荣促进居民消费的制约因素着力较少,而与此相关的国际比较研究更为缺乏。本课题将基于 LC-PIH 理论框架构建计量模型,以最能凸显财富效应的牛市期间数据作为样本,对中美两国住宅市场进行对比分析。以期发现妨碍中国房市繁荣财富效应发挥的制约因素,并提出相应政策建议。

本节的计量模型为:

$$C_t = a + bA_t + cY_t + \varepsilon_t \qquad (7—7)$$

其中,C_t 为当期消费,Y_t 为当期可支配收入,A_t 为本期初的财富,ε_t 为误差项,b 和 c 分别为财富存量和可支配收入的边际消费倾向,a 为截距项。

因住宅资产价值宏观总量统计的困难,且中国市场缺乏居民家庭资产微观调研数据,考虑到两国数据的可比性,本节以两国城镇住宅市场价格指数代替住宅价值,并将(7—7)式改为对数形式,测算消费对财富和可支配收入的弹性,以避免两国货币单位的不同带来的困扰。下文所用检验模型为:

$$\ln C_t = d + e\ln HI_t + f\ln Y_t + \sigma_t \qquad (7—8)$$

(7—8)式中 C_t 为当期消费,Y_t 为当期可支配收入,HI_t 为本期初的房价指数,σ_t 为误差项,e 和 f 分别为消费对房价指数和可支配收入的弹性,d 为截距项。为区分两国不同数据指标,下文以下标 CN 表示中国,US 表示美国。

7.3.2 中美两国房价上涨财富效应的实证检验

根据上文基于 LC-PIH 理论建立的模型可以看出,房地产市场繁荣时期,居民住宅资产价格上升,应能增强其永久性收入预期,居民在对未来乐观预期的驱使下,将会增加消费支出。以下本节选取最能体现财富效应的两国房市上涨的"牛市"期间数据,用时间序列分析中的协整方法,来测试两国居民消费对各自住宅市场价格指数的弹性,检验是否存在理论预期的财富效应。

（1）数据来源与处理说明

以 1998 年国发〔1998〕23 号文件的颁布为起点,中国城镇住房制度改革由此全面进入了市场化的历史新阶段。而 2003 年另一个里程碑式的国发〔2003〕18 号文件要求"采取有效措施加快普通商品住房发展,提高其在市场供应中的比例",提出"调整住房供应结构,逐步实现多数家庭购买或承租普通商品住房"。从此中国住宅市场价格暴涨,进入长久的"牛市"。因此本书研究区间为 2004 年 1 季度到 2009 年 4 季度。为增强两国数据的可比性,中国城镇住宅价格指数调整为按本节选取的牛市初期即 2004 年 1 季度为 100。中国城镇居民人均消费性支出、人均可支配收入和城镇住宅销售价格指数数据均来自《中国经济统计快报》并用移动平均法进行了季节调整。

美国住宅市场从 2002 年 1 季度到 2007 年 4 季度次贷危机爆发前,经历了一轮较为平稳的上涨周期,住宅价格指数从 2002 年初的 177.6 点上升到 2007 年底的 210.9（1983 年 2 季度为基期）。同样为增强两国房价数据的可比性,美国住宅市场价格指数调整为本节考察的美国牛市起点 2002 年 1 季度为 100。美国居民人均消费支出和可支配收入、美国住宅价格指数数据均来自美国劳工部劳工统计局（U. S. Department of Labor:Bureau of Labor Statistics）。美国居民人均消费、人均可支配收入和住宅价格指数均用移动平均法进行了季节调整。

（2）单整检验

经典回归模型要求数据保持平稳,而两国居民的消费与可支配收入数据以及牛市期间的住宅价格指数均为明显上升的非平稳序列。为避免虚假回归等诸多问题,要求各序列之间存在长期稳定的协整关系,否则不能使用经典回归,而协整关系的必要条件是各序列单整阶数相同。因此需要检验两国各自的人均居民消费、人均可支配收入和住宅价格指数的对数是否同阶单整。表 7—1 为中美两国居民人均消费 C、可支配收入 Y 和住宅价格指数 HI 对数序列的单整检验结果。

表 7—1　中美两国居民人均消费、可支配收入即住宅价格指数对数序列单整性检验

国别	序列	滞后阶数	P 值	对存在单位根的原假设	平稳否
中国	$\log(C_{CN})$	0	0.92	拒绝	否
	$\log(Y_{CN})$	0	0.84	拒绝	否
	$\log(HI_{CN})$	3	0.51	拒绝	否

续表 7—1

国别	序列	滞后阶数	P 值	对存在单位根的原假设	平稳否
中国	Dlog(C_{CN})	0	0	接受	是
	Dlog(Y_{CN})	0	0	接受	是
	Dlog(HI_{CN})	1	0.005	接受	是
美国	log(C_{US})	1	0.99	拒绝	否
	log(Y_{US})	1	0.502	拒绝	否
	log(HI_{US})	4	0.885	拒绝	否
	Dlog(C_{US})	0	0.07	接受	是
	Dlog(Y_{US})	0	0.03	接受	是
	Dlog(HI_{US})	2	0.05	接受	是

由上述结果可以看出,中美两国各数据的对数序列均为一阶单整,可进一步进行协整检验。

(3) 协整检验

下面用经典回归方法对中美两国住宅市场价格上升的财富效应进行检验,其结果如表7—2所示。

表 7—2 中美两国住宅资产财富效应检验结果

国别	解释变量	系数	t 值	P 值	A—R^2	DW	残差序列平稳性
中国	log(Y_{CN})	0.997	17.1	0	0.996	2.2	平稳
	log(HI_{CN})	−0.062	−0.62	0.54			
美国	log(Y_{US})	0.89	27.3	0	0.983	2.1	平稳
	log(HI_{US})	0.19	3.2	0.005			

检验结果表明两国居民消费支出主要由各自的可支配收入决定,中国城镇居民住宅价格上涨对其消费的促进作用为零,而美国居民消费性支出对住宅价格指数上升的弹性相对较大,且统计性质显著。表明美国居民住宅资产价格上升的财富效应较为明显。

7.3.3 对检验结果的金融学分析

按照生命周期和永久收入假说(LC-PIH),当资产价格上升时,如果居民因此产生了对未来永久性收入的乐观预期,则会促进其增加消费支出。从以上检验结果可以看出,中国城镇居民住宅资产价格的上升并未对其消费表现出促进作用,而美国居民住宅价格上升产生了促进其消费支出的明显的财富效应。以下就此问题从四个方面进行中美相关指标的对比,以期从美国经验探讨妨碍中国城镇居民住宅资产财富效应发挥的制约因素。

(1)中美住宅市场房价增速对比

根据 LC-PIH 理论,房价的平稳上涨有助于居民永久性收入预期的形成,而短期内房价的急剧增加不仅加重购房者的支付困难,而且会助长房市的投机行为。房价的走势与住宅市场不同的发展路径密切相关。美国住宅市场的发展先后经历了各有侧重的不同阶段。从 1930 年代到 1970 年代,美国住宅供给以福利性住宅为主,实施了大规模的公共廉租房建设计划,并推出各类租房补贴政策,向租赁非公共住房的低收入家庭提供房租补贴。1970 年代后,随着居民收入的增长和支付能力的提高,美国开始施行市场性与福利性并重的住宅供给政策,除了财政补贴,还以优惠利率和贷款担保等金融手段鼓励低收入家庭购买住房。纵观大半个世纪以来美国住宅市场的发展路径,尽管在各阶段有福利性和市场性的不同侧重,但自始至终都高度关注中低收入家庭的住房保障与改善。到本节所研究的 2002 至 2007 年之间,美国居民住宅无论在人均面积、建筑质量和配套设施水平上都远远超过中国城镇居民住宅,居民住宅总体供应大体平衡并略有剩余。如此供求格局下美国住宅市场难以出现投机性的价格暴涨,其结果是温和而又平稳的住宅市场价格上升给居民带来了对未来永久性收入的乐观预期,从而对居民消费产生了较为明显的财富效应。

反观中国,城镇住宅的属性常常遭到人为的割裂。建国以后直至改革开放前,我国实行住房实物分配制度,对公有住房统一管理,统一分配,以租养房,住房实际上成为城镇职工的福利。但是,服从于当时"先生产、后生活"的国家战略需要,城镇住房建设的规模、质量和配套设施,只是在较低层次上满足了当时城镇职工的基本住房需求,至本节考察的 2004 至 2009 年的样本期间内,改革开放前建设的城镇住房大多年代久远,不敷使用。1998 年开始的城镇住房制度改革正式终止了城镇居民住房实物分配制度,尤其是 2003 年国发〔2003〕18 号文件断然禁止了集资建房。此后数年之间,全国多数大中城市房价暴涨一倍以上,有的城市甚至上涨数倍,远远超过同期居民可支配收入和银行储蓄存款余额的增长,超过了普通购房者的承受能力。国务院、国家发改委、国土资源部、国家税务总局和人民银行等强力机关数十项政策密集出台,也难以遏制房价上涨势头,坊间对城镇住房制度改革的不满情绪主要是在这一期间达到高峰,房价上涨过快也因此成为民生问题中的头号议题。图 7—3 为本书选取的中美两国住宅市场统计样本期间的住宅平均价格指数的走势对比。

图 7—3 内美国房价为 2002 年 1 季度到 2007 年 4 季度数据,中国房价为 2004 年 1 季度到 2009 年 4 季度。图中纵坐标为各季度以期初为 100 的住宅定基价格指数的百分点数。从图中可以看出,"牛市"期间中国城镇居民住宅价格指数的上涨速

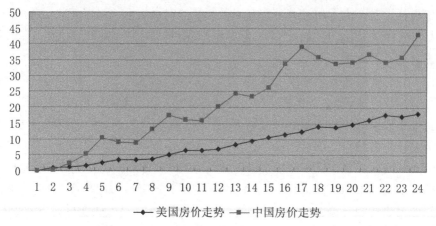

图7—3　中美两国房价牛市期间价格走势对比图

度远远超过了美国住宅市场。过快的房价上涨不仅加重了中低收入者的购房负担，而且吸引了大量炒房资金进入房地产市场。因为消费者感觉房价上涨难以持久，当期的房价上涨只不过是短期内各方博弈的暂时结果，不仅削弱了居民永久性收入预期，而且令中高收入者产生较强的投机性动机，将本来用于消费的收入转而用于房地产市场投机，从而对消费产生挤出效应，抵消了本应出现的财富效应。

（2）中美住宅市场居民购房支付能力的对比

居民消费行为无可避免地受到收支预算的约束，其购房支付能力是诸多约束中的重要构成，且受政府相关税收政策的影响较大。长期以来，美国的住房税收政策主要着眼于增强中低收入者的购房支付能力。1997年起，允许已购房的有房户从其应纳税款中减免总价不超过100万美元的住房抵押贷款利息，并免除首要住房（Primary Residence）的不动产税。地方政府还通过住宅资产支持债券的收益对中低收入家庭提供优惠利率购房贷款。在鼓励中低收入家庭购房的同时，采取多种措施抑制购房者对住宅的过度消费与投机。例如不动产税的征收不仅可以增加多套住宅拥有者的保有和空置成本，还能有效遏制开发商的占地、圈地行为。联邦个人所得税中按揭利息的税收减免只适用于首要与第二住宅，不动产税减免只适用首要住房。各州政府通过住宅资产支持债券的收益提供的优惠利率也只适用于首次购房贷款。以上财税政策保障了美国中低收入家庭的购房支付能力，使其在房价上涨期间不至出现购房困难而挤占消费支出。

中国长期以来以GDP增幅为导向的考核方式，使各级地方政府将房地产开发税收作为财政收入的主要来源之一，据2009年3月全国工商联向全国政协提供的研究报告称，我国城镇房地产开发环节税收（房产税、土地使用税、契税、印花税）、销售环节税收（营业及附加税、企业所得税、土地增值税）占总成本的26.06%，房地产开发项目的总费用支出的 49.42％流向政府,总销售收入中的 37.36％归政府所有。税收成为中国城镇房价居高不下的重要推手。

不同的税收政策导致了两国居民购买住房支付能力的明显差距。表 7—3 为中美两国房价收入比的对比。其中中国房价收入比为历年城镇商品住宅每平方米平均售价乘以 90 平方米,除以户均收入(城镇居民人均可支配收入乘以 3)。美国房价收入比为美国历年独栋住宅平均每栋售价除以户均年收入(历年户均人数乘以人均可支配收入)。

表 7—3　中美两国居民房价收入比

年度	2002	2003	2004	2005	2006	2007	2008	2009
中国	8.1	7.8	8.3	8.4	8.0	7.9	6.8	7.8
美国	2.5	2.6	2.7	2.9	3.0	3.0	2.6	2.3

资料来源:中国国家统计局和美国联邦住房金融局(FHFA)网站。

表 7—3 显示出中美两国居民住房支付能力的巨大差距,过高的房价收入比意味着中国城镇居民住房支付承受能力的脆弱,房价的持续上涨造成了较大的购房压力,挤占了居民消费支出,抵消了本应出现的财富效应。

(3)中美两国住宅市场房屋租金收益的对比

根据 LC-PIH 理论,当房价上涨时,部分消费者因购房压力增大而转向房屋租赁市场,作为住宅市场替代品的房屋租赁市场也将因需求上升而涨价。这一过程在缓解了承租人的购房支付压力从而释放其消费品购买力的同时,也应给房屋出租者带来可观的收益。由于房市的价格波动远小于证券市场,所以这种房屋出租收益很容易被视为永久性收入并增加房屋出租者的消费。以上作用机制的最终效果将导致房价上涨带动居民消费的财富效应。但是这种财富效应能否有效发挥有赖于房屋租赁市场的法律保障与服务支持。1960 年代之后,美国的住房租赁法发生了深刻的变化,由此前两三百年间的出租人优位逐渐转变为承租人优位。为保证承租人不受干扰而使用承租房屋的"平静收益权"(quiet enjoyment),美国各州摈弃了此前存在的出租户"自慎原则",设定了推定驱逐条款(constructive eviction),即出租人如果不能在房屋安全、环境、卫生、设施等方面提供优质服务,保证出租户对房屋的使用,将因构成对承租人的推定驱逐而受到处罚。房屋租赁合同实行适住性默示担保(implied warranty of habitability),不论租赁双方签订的合同有无适住性条款,都将被法院认为隐含了此项原则。有健全法规保障的住宅租赁市场的优质服务是出租人获得租金收益的前提,在相关法规的推动下,美国的房屋租赁市场运作有序,住宅市场处于不断上升态势的牛市期间,在承租人的权利得到了有效保障的同时,出租户的房租收入也较为可观。据美国经济分析局(Bureau of Economic Analysis)公布的统计数据,

2002年至2007年期间美国城镇居民住宅出租收入占个人可支配收入的2.5%。反观我国,城市住房租赁的法制建设相对滞后,《合同法》和《城市房屋租赁管理办法》对房屋适住性的定义仅侧重于安全性,承租人的利益难以得到有效保障,妨碍了房屋租赁市场的健康发展,导致房屋租赁收益有限。据《中国价格及城镇居民家庭收支调查统计年鉴》和《中国城市(镇)生活与价格年鉴》统计,2004到2009年间中国城镇居民房屋出租收入仅占其可支配收入的1.15%。

(4) 中美两国民生保障水平的对比

民生问题涵盖甚广,住房、医疗和教育为其中最重要者。对居民家庭而言,医疗和教育如能得到有效保障,将有利于促进住宅资产财富效应的发挥。如表7—4所示,美国政府历年财政支出安排中医疗和教育支出占GDP的比重一直远高于中国(两国医疗公共支出占GDP的比重为各自医疗支出占GDP比重乘以医疗支出中公共支出比例)。良好的医疗和教育保障是美国居民家庭住宅资产财富效应发挥的重要前提。而中国医疗和教育保障力度的低下,伴以持续快速的房价上涨,即使住宅价值增加带来的收益被中国城镇居民视为永久性收入且能兑现,也因严重的后顾之忧而产生预防性储蓄动机,为未来的医疗和教育支出"未雨绸缪"式的储蓄,阻碍了房市财富效应的发挥。

表7—4 中美两国教育和医疗公共支出占GDP比重的对比

	年度	2002	2003	2004	2005	2006	2007	2008	2009
教育	中国	2.9	2.8	2.8	2.8	2.9	3.1	3.3	3.6
	美国	5.7	5.9	5.6	5.3	5.6	5.5	5.6	5.6
医疗	中国	1.7	1.7	1.8	1.8	1.9	1.9	2.0	2.3
	美国	6.5	6.6	6.7	6.7	6.9	7.0	7.3	7.9

资料来源:中国统计年鉴和世界银行数据库。

综上所述,在住宅市场价格上涨期间,中国房市的繁荣对居民消费无促进作用,而美国房市繁荣的财富效应较为明显。上文通过两国相关指标的对比,发现美国住宅市场在发展路径、税收政策、法律法规和民生保障等方面值得中国借鉴之处颇多。为促进中国住宅市场财富效应的发挥,可从以下诸方面着手:首先,应采取切实有效的措施控制房价的过快增长,坚决制止住宅市场的投机行为,避免房价的剧烈波动,促进房市永久性收入预期的生成。其次,应施行多种普惠金融与财政政策,保障城镇中低收入家庭的购房支付能力,减少房价上涨对居民消费支出的挤出效应。第三,健全与完善房屋租赁市场的法律监管,保障房屋承租者的合法权益,确保在住宅价格上涨期间房屋租赁市场在缓解居民购房压力的同时,给出租人带来持续的"永久性收入"。最后,大力推进以医疗和教育为代表的民生建设,解决房市上涨中房主享用房屋受益时的后顾之忧。

第八章　中国农村居民家庭生产性固定资产财富效应研究

农村居民家庭生产性固定资产由于可用于生产,由生产的带来的永久性收入预期可直接或间接引起消费支出的变动。本章首先对农村居民家庭生产性固定资产财富效应的发生机理进行理论分析,然后运用面板数据模型对中国农村居民家庭生产性固定资产财富效应进行实证检验,在此基础上,将农村居民家庭住宅资产和生产性固定资产财富效应进行对比分析。

8.1　生产性固定资产财富效应的发生机理

中国农村居民家庭的生产性固定资产与其住宅不同,可能在以下几方面产生促进消费的财富效应:

首先是生产经营的实际回报。决定居民消费的最主要因素是可支配收入,农村居民生产性固定资产如果用于农林牧渔业生产,则可不同程度地提高生产效率,农林牧渔产品的销售收入扣除成本和税收形成农村居民纯收入;如果农村居民生产性固定资产用于制造产品的第二产业,或是从事各类服务业,其产品和服务的销售收入也是其纯收入的重要来源。农村居民使用其生产性固定资产从事生产经营可获得的收入是形成永久性收入预期的重要来源,生产经营的实际回报可以增加其消费。

其次是预防性储蓄动机的缓解。生产性固定资产的增加可缓解预防性储蓄动机,从而增加农村居民消费。农村居民勤劳致富,不仅体现在银行储蓄存款余额的增加和住宅的扩大,更体现为生产性固定资产的购置与添加。大量可从事农林牧渔等第一产业或农产品加工、运输、邮电、商业服务等第二、第三产业的固定资产的积累,可使居民产生未来收入的乐观预期,缓解预防性储蓄动机,产生促进消费的财富效应。

第三是通过抵押缓解预算约束。生产性固定资产比农户住宅更易于估值,便于通过抵押获得信贷支持,缓解预算约束。农户用于运输的车辆、用于农业生产的大中型农机具、用于从事商业服务的临街门面房等,既有扣除折旧后的市场价值,又有其使用价值带来现金流的预期,便于出售和金融机构估值,面临扩大再生产的需要时,可用于抵押,从而获得金融机构的信贷支持,缓解预算约束,平滑生命周期的消费。

8.2 中国农村居民生产性固定资产财富效应测度

根据 LC-PIH 理论,农村居民家庭生产性固定资产由于可以直接用于生产,它的保持与增殖,将直接促进永久性收入预期的形成,因此这类资产的财富效应更应受到重视。国内外学者在考察财富效应时,均侧重总量估计,缺少结构分析,而资产总量增加分别对生存型消费与发展型消费的影响,以及第一、第二和第三产业固定资产增加对消费总量变化的影响分析,在财富效应研究中极少发现。农户生产性固定资产财富效应的资产结构与消费结构分析可为政策制定提供实证依据。

本课题拟在前人研究的基础上,从家庭资产财富效应的角度,对农村居民家庭生产性固定资产财富效应进行结构分析,分别检验农业、制造业和服务业固定资产的财富效应,并对生产性固定资产增加对生存型和发展型消费的促进作用进行对比。

农村居民家庭生产性固定资产财富效应的计量模型如下:

$$C_t = \alpha + \beta A_t + \gamma Y_t + \varepsilon_t \tag{8—1}$$

(8—1)式中,C_t 为 t 期消费,A_t 为 t 期初家庭资产,Y_t 为 t 期收入,ε_t 为误差项,α、β 和 γ 为系数,其中 β 为待分析资产的边际消费倾向,即本节所要检验的财富效应,γ 为农村居民人均纯收入的边际消费倾向。

8.2.1 数据来源与处理说明

以下计算过程中的各地区农村居民人均消费支出、人均纯收入、农村居民家庭户均生产性固定资产价值来自《中国统计年鉴》,各地区农村居民户均人口数来自《中国人口与就业统计年鉴》,人均生产性固定资产价值等于户均值除以户均人口数。面板数据的时间跨度为 2000 年到 2010 年,样本个体为除港澳台之外的中国境内 31 个省、自治区和直辖市。

8.2.2 农村居民生产性固定资产财富效应的资产结构

中国农村居民生产性固定资产财富效应的结构分析包括两个方面,首先是资产结构分析,即不同类型的生产性固定资产财富效应分析,分别计量第一、第二和第三产业固定资产增加对消费总支出的影响;其次是消费结构分析,检验生产性固定资产总量增加对农村居民生存型和发展型消费的促进作用。

（1）农村居民第一、第二和第三产业固定资产财富效应比较

根据国家统计局编撰的《中国统计年鉴》中农村住户抽样调查对农户生产性固定资产的统计口径,本节所指第一产业为农业,第二产业为工业和建筑业,第三产业为交通运输及邮电业、批发零售贸易及餐饮业、社会服务业及文教卫生业等。

以 2000 到 2010 年间 31 个省、自治区和直辖市农村居民为统计样本,人均消费支出为被解释变量,第一、二、三产业固定资产价值和人均收入为解释变量构成面板数据,采用个体固定效应模型,测定各产业固定资产价值增加对农村居民消费的影响。为避免可能的多重共线性,仍将人均各类产业固定资产价值分别与人均纯收入一起作为解释变量,构成 3 个计量模型,检验结果如表 8—1 所示:

表 8—1　各地区农村居民生产性固定资产财富效应的资产结构分析

解释变量	第一产业固定资产财富效应	第二产业固定资产财富效应	第三产业固定资产财富效应
第一产业人均固定资产	0.074**		
第二产业人均固定资产		0.01	
第三产业人均固定资产			−0.058
人均纯收入	0.56***	0.58***	0.58***
调整后的拟合优度 $A-R^2$	0.99	0.99	0.99
联合显著性 F	1 034	1 020	1 037

注:***表示 1% 的显著性水平,**显示 5% 的显著性水平,*表示 10% 的显著性水平。

表 8—1 的计量结果显示,农村居民家庭三类生产性固定资产中,只有第一产业固定资产表现出统计性质显著的财富效应,第一产业固定资产每增加 1 元,带动其消费支出增加 0.074 元,而第二和第三产业固定资产的增加对消费支出的增加无促进作用。

（2）资产结构计量结果解释

按照经济发展的规律,农村产业结构升级的内容,包含农村产业结构的高度化过程,即由第一产业占优向第二、第三产业占优逐渐转化。2000 年到 2010 年,我国农村居民人均生产性固定资产价值从 1114 元增加到 2 710 元,历年第一、二、三产业的比例如图 8—1 所示。

从图 8—1 可以看出,2000 年到 2010 年间,我国农村居民家庭第一产业固定资产居于绝对多数,基本保持在 70% 以上,第三产业固定资产占 20% 左右,第二产业固定资产不到 10%。说明现阶段我国农村居民家庭固定资产的积累与分布仍然处于产业结构演变的较低阶段,比例较低的第二和第三产业固定资产难以产生足够的永

久性收入预期,无法体现出显著的财富效应。根据国家统计局农村住户抽样调查数据,现阶段我国农村居民家庭一半以上收入来自生产经营活动,而生产经营活动主要为农业生产,因此第一产业固定资产的增加无疑增强了农民的永久性收入预期,从而产生了统计性质显著的财富效应。

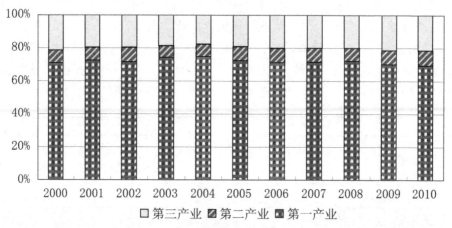

图8—1　2000年到2010年中国农村居民三次产业固定资产价值比例

8.2.3　农村居民生产性固定资产财富效应的消费结构

（1）生存型和发展型消费财富效应比较

本节所指生存型消费,包含食品、衣着和居住等满足人们较低层次生存需要的消费,发展型消费是指文教娱乐、医疗保健等较高层次享乐需要的消费。仍以2000年到2010年间各地区农村居民家庭为统计样本,以人均生产性固定资产和纯收入为解释变量,分别以人均生存型消费和发展型消费支出为被解释变量,采用个体固定效应模型,检验生产性固定资产对两类消费支出的影响。计量结果如表8—2所示。

表8—2　各地区农村居民生产性固定资产财富效应的消费结构分析

解释变量	生存型消费 财富效应	发展型消费 财富效应
人均生产性固定资产价值	0.04**	−0.01
人均纯收入	0.43***	0.06**
调整后的拟合优度 $A-R^2$	0.987	0.987
联合显著性 F	738	730

注:***表示1%的显著性水平,**显示5%的显著性水平,*表示10%的显著性水平。

表8—2的计算结果显示,农村居民生产性固定资产的增加,对农民生存型消费有较为明显的财富效应,而对发展型消费未能产生促进作用。值得注意的是,此处人均纯收入对发展型消费的带动作用不仅远逊于对生存型消费的带动作用,而且大大低于此前所有检验结果中收入的边际消费倾向。

（2）消费结构计量结果解释

随着国民经济的发展,我国农村居民消费已由温饱水平步入小康阶段,消费总量增长与结构升级并行,其消费支出由生存型消费逐渐向发展型、享受型消费过渡。根据 LC-PIH 假设和消费经济学理论,居民消费总量的增加和消费结构的提升主要取决于收入的提高和资产的积累,近年来由于产业结构的调整,城镇本身存在的下岗与就业压力,限制了农民进城务工的渠道,而乡镇企业受制于规模、资金与技术,对农村剩余劳动力的吸纳能力相对有限,因此我国农村居民家庭一半以上的纯收入来自其经营性活动,这些经营活动主要是从事农业生产与销售,其物质基础正是本书所分析的农村居民家庭各类生产性固定资产,这些资产的 70% 以上是农业用途资产。农业生产除了受到市场因素制约外,还面临较大的自然灾害风险,所以农民不仅增收困难,而且面临较大的不确定性。低水平的收入和较大的风险,导致农村居民只能主要满足其生存型消费,其收入增加对发展型消费的带动作用远逊于对生存型消费的影响（收入每增加 1 元,带动生存型消费 0.43 元,发展型消费仅 0.06 元）,而生产性固定资产的增加,也只能带动生存型消费,对发展型消费的财富效应统计性质不显著。

通过以上计算和分析可以得到本节的主要研究结论:首先,农村居民家庭第一产业固定资产的增加具有显著的财富效应,第二、第三产业固定资产的增加没有促进农村居民消费;其次,农村居民家庭生产性固定资产的财富效应主要体现为对其生存型消费的促进作用,对其发展型消费没有起到正向促进作用。

8.3　农村居民家庭住宅资产与生产性固定资产财富效应的比较研究

为比较农村居民家庭住宅资产和生产性固定资产的财富效应,对不同形式的资产加以区分,得到如下检验模型:

$$C_t = \alpha + \beta_h H_t + \beta_o O_t + \gamma Y_t + \varepsilon_t \tag{8—2}$$

其中,C_t 为 t 期消费,α 为常数项,H_t 和 O_t 分别为 t 期初的住宅资产和生产性固定资产价值,β_h 和 β_o 分别为住宅资产和生产性固定资产价值的边际消费倾向,表征各项资产的"财富效应",Y_t 为 t 期可支配收入,γ 为可支配收入的边际消费倾向,ε_t 为误差项。

8.3.1 数据来源与处理说明

本节采用面板数据模型对中国农村居民家庭住宅和生产性资产的财富效应进行测度。其中农户人均住房价值等于农户人均住房面积乘以农户住房单位价值,农户人均生产性资产价值等于各地农村居民家庭户均生产性固定资产原值除以各地区农村居民家庭户均人口数。

由于根据 LC-PIH 理论建立的财富效应估计模型中,消费和收入均为当期数值,而各类资产取值为上期末数值,因此上述各地区农村居民家庭人均生活消费支出、人均纯收入的数据时间跨度为 2000 到 2010 年,涉及各类资产的农村居民人均住房面积、住房单位价值以及各地农村居民家庭户均生产性固定资产原值,以及各地区农业人口数和农村居民家庭户均人口数的时间跨度为 1999 到 2009 年。

本书所用历年各地区农村居民家庭人均生活消费支出、人均纯收入、人均住房面积、住房单位价值以及各地农村居民家庭户均生产性固定资产原值取自《中国统计年鉴》各期,历年各地区农业人口数和农村居民家庭户均人口数取自《中国人口和就业统计年鉴》各期。本书面板数据模型涉及的样本个体为除西藏和港澳台之外的中国境内 30 个省、自治区和直辖市。

8.3.2 模型设定与估计结果

由于面板数据在时间和空间上的二维特征,模型设定得恰当与否,直接关系到估计结果的有效性。所以在估计之前,首先要对模型设定方法进行比较,从中找出最合适的形式。面板数据的模型设定通常有三种选择,即混合模型,个体固定效应模型和个体随机效应模型。前两者的优劣可用 F 统计量进行比较,后两者的取舍可通过 Hausman 检验来决定。考虑到各种资产价值之间可能的多重共线性,本节将自变量分两种组合,即把每种资产单独与收入作为自变量,分别比较各种模型的优劣,比较结果如表 8—3 所示:

表 8—3　各类面板数据模型 F 统计量与 Hausman 检验结果

自变量组合		组合 1 住宅和收入	组合 2 生产性资产和收入
个体固定 效应模型 VS 混合模型	SSEr	56 448 238	56 252 446
	SSEU	13 364 702	13 251 007
	F	33.35	51.24
	能否拒绝 混合模型	拒绝	拒绝

续表 8—3

自变量组合		组合 1 住宅和收入	组合 2 生产性资产和收入
个体固定效应模型 VS 个体随机 效应模型	Hausman 统计量	12.7	3.05
	伴随概率	0.0017	0.21
	能否拒绝 随机效应模型	拒绝	不能拒绝

表 8—3 的上半部分为个体固定效应模型和混合模型的对比,以前者为约束模型,后者为非约束模型,分别得到两者的残差平方和,其中个体总数为不含西藏的全国省级行政区域数 30,年份跨度为 11,自变量个数为 2。结算结果显示各种组合的 F 统计量远远超过 1% 的显著性水平,表明混合模型应予拒绝。表 8—3 的下半部分对个体随机效应和个体固定效应模型进行比较,方法是对个体随机效应变截距模型进行估计,在计算结果中进行 Hausman 检验,得到 Chi-Sq 统计量和各自相应的伴随概率 P 值,检验结果表明组合 2 不能拒绝随机效应模型,组合 1 可以拒绝随机效应模型。

根据表 8—3 为设定面板数据模型而进行的各类检验结果,以下模型 1 和模型 2 的自变量组合分别对应上述自变量组合 1 和组合 2,其中模型 1 采用个体固定效应,模型 2 采用随机效应模型,分别对中国农村居民家庭人均两类固定资产的财富效应进行估计,计算结果如表 8—4 所示。

表 8—4　中国农村居民家庭两类固定资产财富效应估计结果

变量	模型 1 住宅和收入	模型 2 生产性资产和收入
自发性消费	−16.2	30.9
住宅资产 H	0.0012	
生产性固定资产 O		0.06**
纯收入 Y	0.75***	0.71***
调整后的拟合优度 $A-R^2$	0.99	0.96
联合显著性 F	1 206	3 934

注:***表示 1% 的显著性水平,**显示 5% 的显著性水平。

由表 8—4 的估计结果可以看出,农村居民住宅资产的财富效应不能显著异于零,显示这类资产的增加不能对消费支出的变动发生影响,而生产性固定资产存在统计性质十分显著的财富效应,说明这类资产的增加可以明显地促进农村居民的消费。

8.3.3 实证结果的分析

(1)农村地区土地制度与居住环境使农村居民住宅资产财富效应无从体现

与国内学者对近年来我国城镇居民住宅资产财富效应的检验结果不同,表8—4显示我国农村居民家庭住宅资产的增加并未形成对其消费支出的挤出效应。究其原因,是因为农村居民家庭住宅的土地供应和建筑成本远低于城镇居民,农村居民可以无偿获得宅基地,并自行组织建筑安装,其住宅造价不含类似于城镇居民住宅价格所包含的各类组成部分,如征地拆迁补偿、前期勘察设计费用、开发商利润、上交政府的税金和地段差价等,因此尽管农村居民人均住宅面积一直高于城镇居民,但其房价收入比相对较低。表8—5显示本节统计样本的1999到2009年间,全国农村居民的房价收入比只有2.5以下,远低于城镇居民房价收入比,而与美国居民的房价收入比相当。

表8—5　1999~2010中国农村居民房价收入

年份	农村居民人均纯收入	农村居民家庭住房情况			房价收入比
		人均住房面积	单位住房价值	人均住房价值	
1999	2 210	24.23	157.57	3 818	1.73
2000	2 253	24.82	187.41	4 652	2.06
2001	2 366	25.73	196.12	5 046	2.13
2002	2 476	26.53	202.78	5 380	2.17
2003	2 622	27.24	217.07	5 913	2.26
2004	2 936	27.9	226.13	6 309	2.15
2005	3 255	29.68	267.76	7 947	2.44
2006	3 587	30.65	287.76	8 820	2.46
2007	4 140	31.63	313.59	9 919	2.40
2008	4 761	32.42	332.83	10 790	2.27
2009	5 153	33.58	359.35	12 067	2.34
2010	5 919	34.08	391.70	13 349	2.26

资料来源为《中国统计年鉴》各期,房价收入比等于农村居民人均住房价值除以人均纯收入,人均住房价值等于人均住房面积乘以单位面积住房价值。

由此引发的问题在于,既然农村居民住宅的房价收入比远低于城镇居民而与美国相当,何以并未像美国居民家庭住宅一样,产生促进居民消费支出的正向财富效应？这就涉及我国农村地区特有的土地制度以及住宅状况。一方面，我国农村地区实行的宅基地制度侧重对农民的福利和保障，导致宅基地只有使用功能而无资产资本功能。农村基层政府批给宅基地，由农民自己建设住房，其房屋用于自住，并不允许市场化的自由买卖。另一方面，由于农村地区经济发展水平的制约，农村居民住房在样式、材料、质量、设施等方面与城镇相比还存在较大差距，而且居住分散，周边生活环境的便利性较差，导致农村居民住宅出租困难，使其住宅资产的正向财富效应无从发挥。

(2) 生产性固定资产增加导致的永久性收入预期产生了明显的财富效应

根据 LC-PIH 理论，居民消费支出主要受其永久性收入的影响，国家统计局编撰的《中国统计年鉴》的数据表明，中国农村居民家庭的最主要收入是生产性收入，而生产性固定资产正是中国农村居民家庭最主要的永久收入来源。经过多年的积累，中国农村居民家庭生产性固定资产日渐丰厚，其总量由 1999 年人均 963 元，上升到 2009 年的人均 2493 元。广泛分布在农业、工业、建筑业、交通运输及邮电业、批发零售及餐饮业、社会服务业和文教卫生业等领域，虽然其总量占三大资产价值的百分比由 1999 年的 16％下降到 2009 年的 11％，但由于生产性资产构成了农村居民主要收入的直接来源，因此它的增加使得农村居民的永久性收入预期不断增强，从而表现出统计性质十分显著的财富效应。

第九章 中国农村居民人力资本
财富效应研究

　　本课题绪论部分介绍了发达国家居民家庭普遍存在的高消费现象,对其原因,斯蒂格利茨(J. E. Stiglitz)进行了高度概括,认为发达国家的高消费源于其高度发展的社会保障水平、成熟完善的金融市场体系和日趋殷实的家庭资产总量等等。在分析美国居民家庭何以一直保持高消费、低储蓄的消费习惯时,除了以上因素,他还特别指出了优质人力资本在推动经济发展,促进居民消费中的重要作用[①]。中国自古以来,民间就信奉"家有良田千顷,不如薄技在身",认为个人的一技之长对于自身安身立命的作用,比家庭实际资产更为可靠。改革开放以后,我国居民家庭对教育投入高度重视,在恢复高考之后的若干年内,民间流行着"学好数理化,走遍天下都不怕"、"知识改变命运"的口号,反映了居民家庭,尤其是农村居民家庭对通过教育获得知识与技能,从而立足社会充满信心与期待。经过改革开放 30 余年的不懈努力,我国居民家庭人力资本的积累也取得了长足的进步。目前国内外财富效应的研究着重于居民家庭金融资产与实物资产的分析,人力资本的研究也侧重于它对生产的促进作用,对其促进居民消费的财富效应着力甚少,本章将对人力资本的理论源流、测量方法、人力资本财富效应的发生机理和影响因素进行初步探讨,对中国农村居民家庭人力资本的财富效应进行检验,并和城镇居民人力资本财富效应进行对比分析。

9.1 人力资本的理论源流

9.1.1 古典经济学中人力资本概念的提出

　　人力资本的理论渊源可以追溯到 18 世纪中叶,彼时工业革命使社会生产力发生

---

　　① 约瑟夫·E·斯蒂格利茨著;黄险峰,张帆译,谭崇台校. 经济学[M]. 北京:中国人民大学出版社,2005:575—580.

了三大变革,一是机械生产代替了手工操作,二是科学技术代替了经验工艺,三是专业培训代替了师徒传授,人的知识、技术对产出的贡献越来越大①。亚当·斯密在其《国富论》中提出了人力资本的初步概念:"学习一种才能,须受教育,所费不少。学习耗费的资本,似乎已经实现并固定在学习者身上。这些才能,对于其个人自然是财产的一部分,对于其所属的社会,也是财产的一部分"。他认为"一种费去许多功夫和时间才学会的需要特殊技巧和熟练的职业,可以说等于一台高价机器"。"工人因学习而增进的熟练程度,可与机器与工具一样,被视为固定成本,可节省劳动。学习的时候,固然要花一笔费用,但这种费用,可以得到偿还,甚而赚取利润。"为了增进大众的人力资本,他建议政府采用各种经济、社会与法律手段,鼓励,甚至强制全体人民接受最基本的教育②。

亚当·斯密之后,另一位古典经济学大师约翰·穆勒(J. S. Mill)在其《政治经济学原理》中也对技能与知识在提高劳动生产率中的作用给予高度肯定。强调知识与技能应与机器和工具一样,被视为国民财富的重要组成部分,而教育支出将给未来社会带来更大的国民财富③。

新古典经济学大家马歇尔(A. Marshall)在其《经济学原理》中,对人的能力作为一种经济要素参与生产活动的意义作出了新的阐述,把人的能力进一步分为通用能力(General Ability)和专门能力(Specialized Ability)。前者包括决策能力、管理能力以及通用的智慧与见识,后者是指劳动者的体力与熟练程度。他指出人力与物质资本之间存在相互替代的关系,还认为"老一代经济学家对人的能力作为一种资本类型参与生产活动的认识十分不足",主张国家把教育作为一种投资予以高度重视④。

9.1.2　现代人力资本理论的形成

从 20 世纪 50 年代开始,随着科技进步在经济增长中的作用日益突出,人力资本的研究逐渐形成了高峰。美国的 Jacob Mincer(1958)首次建立了个人收入与其所接受的培训量之间的数学模型并估算出美国在职培训的投资总量和私人收益率之间的关系⑤,可惜他的成果并未立即引起重视。真正使人力资本研究融入学术界主流的是舒尔茨(T. W. Shultz)和加里·贝克尔(Gary. S. Beker),而对人力资本作用的计量研究贡献最大者当首推爱德华·丹尼森(Edward Denison)。

---

① 段钢.人力资本理论研究综述[J].中国人才,2003(5):26—30.

② 亚当·斯密著;杨敬年译.国民财富的性质和原因的研究[M].西安:陕西人民出版社,2001:266.

③ 约翰·穆勒著;赵荣潜等译.政治经济学原理[M].北京:商务印书馆,1991:54—59.

④ 马歇尔著;朱志泰译.经济学原理[M].北京:商务印书馆,1964:234.

⑤ 雅各布·明赛尔著;张凤林译.人力资本研究[M].北京:中国经济出版社,2001.

(1) 舒尔茨的理论架构

二战以后以西德和日本为代表的饱经战火的国家经济迅速复苏和蓬勃发展引起了舒尔茨的密切关注。德国的生产设施在二战中遭受了严重破坏,而日本除了遭到战争的破坏之外,本身自然资源也严重匮乏,何以这样的国家的经济能够迅速医治战争创伤并走上和平崛起的坦途? 舒尔茨认为这些现象表明,除了自然资源和物质资本,人力资本是经济增长中不可忽视的重要因素。他在 1960 年代初期开始发表的一系列论著,成为现代人力资本理论研究的奠基之作。

舒尔茨对人力资本丰富的内涵从多个角度作出了阐释,其要点包括:人力资本体现在人的身上,表现为知识、技能、资历、经验等综合素质;在人的素质既定后,全社会的人力资本表现为市场的劳动力总人数和总工作时间;人的能力和素质可通过人力投资而获得,因此人力资本可以理解为对人力投资而形成的资本,其货币形态是为提高人的素质而付出的各项支出,包括保健支出、学校教育和在职教育的支出等等;人力资本既然作为一种资本形态,必可由其投资而在未来获得收益。对人力资本的作用,舒尔茨也抱有很大的乐观预期,他否定了长久以来人们基于地球物质资源约束而对经济增长前景的担忧,认为全世界人民后天能力的提高,实用知识的进步,是未来经济生产率及其对人类福利贡献的关键所在。人口质量和知识投资在很大程度上决定了人类未来的前途。他通过实证研究测算了美国教育投资对经济增长的贡献率,其结果表明增进人类福利的决定性因素是对人力和知识的投资①。

舒尔茨对人力资本理论的贡献在于首次明确地阐述了人力资本的概念,对人力资本的形成方式与积累途径进行了系统研究,并且对人力资本在经济增长中的贡献进行了实证分析。由于他的工作,人力资本理论进入了学界主流的研究视野,1979年舒尔茨因其在人力资本研究方面的杰出贡献获得诺贝尔经济学奖。

(2) 加里·贝克尔的微观分析

另一位诺贝尔经济学奖得主加里·贝克尔曾与舒尔茨一起在芝加哥大学执教,舒尔茨对人力资本的研究偏重于宏观分析,加里·贝克尔从微观层面发展了人力资本理论,成为人力资本研究的主要推动者。他在人力资本方面的主要贡献集中反映在其《人力资本》中,这一论著被视为人力资本理论的经典。

贝克尔在其著作《人力资本》中,阐述了教育、培训在人力资本形成过程中的作用。剖析了正规教育的成本和收益问题,对在职培训的经济意义进行了深入探讨,着重研究人力资本投资和个人收入分配之间的关系。他对人力资本理论的贡献在于开

---

① 西奥多·W·舒尔茨著;吴珠华等译. 论人力资本投资[M]. 北京:北京经济学院出版社,1990.

拓了微观层面的研究视野①。

（3）爱德华·丹尼森的贡献

在传统理论研究中，无法解释在劳动力和资本投入一定时，何以计量产出时会有大量残差。丹尼森的工作令人信服地解释了其中的原因，他最重要的研究成果是通过精细的分解计算得出结论，认为 1929 年到 1957 年间美国通过教育投资进行的人力资本积累对经济增长的贡献率高达 23%。他的这一研究成果被认为是 1960 年代全球各国教育经费猛增的主要促成因素之一②。

9.1.3　当代人力资本理论的发展

1980 年代以后，基于"知识经济"的"新增长理论"在西方学术界蓬勃兴起，这一理论建立了以人力资本为核心要素的经济增长模型。1960 年代舒尔茨等人运用的是传统的统计计量方法，将人力因素视为外生变量，而新经济增长理论采用更为复杂精致的数学模型，将人力资本内生化，力求说明人类专业知识在经济增长中的作用。新经济增长理论的代表性人物为罗默（P. Romer）和卢卡斯（R. Lucas）。

（1）罗默以人力资本为核心的收益递增经济增长模型

罗默于 1986 年发表了《收益递增经济增长模型》，提出了基于人类知识的收益递增的经济增长模型。其主要公式为：

$$Q_i = F(k_i, K, X_i) \tag{9—1}$$

其中，Q_i 为 i 厂商的产出，k_i 为该厂商的专门知识，K 为一切厂商皆可应用的一般知识，X_i 为 i 厂商的物质资本和劳动力等其他要素投入。

罗默将人类知识引入经济增长模型，使其内生化，并将这些知识分为专门知识和一般知识，分别阐述了各自的积累机制及其在经济增长过程中的作用。他认为厂商的专门知识是资本的增函数，其原因是随着资本的积累和分工的细化，工人可在工作实践环节学到更多专业知识。一般知识来自知识传播的"溢出效应"，这是因为随着资本的积累和生产规模的扩张，知识在企业间不断传播，使得各企业得以共享别的企业创新的知识。关于知识在经济增长中的作用，罗默认为一般知识可以促进全社会规模经济效益，专门知识可以促成单个企业生产要素的收益递增。两种知识的结合不仅可以使知识、技术本身产生递增的收益，也可使物质资本和劳动力等要素出现收益递增。对于具体厂商而言，这种递增的收益可形成垄断利润，而垄断利润又可作为研发资金的来源进一步促进知识的创新。罗默的理论可以解释为什么世界经济能够

---

① 加里·S·贝克尔著；梁小民译. 人力资本[M]. 北京：北京大学出版社，1987.

② Edward F Denison. *Education, Economic Growth, and Gaps in Information*[J]. Journal of Political Economy, 1962, 70: 124—128

保持长期的增长,而不同国家和不同企业的增长率却有巨大差距的原因,还可以解释国际贸易促使知识在全世界广泛传播,通过知识溢出效应使发展中国家经济取得了迅速的成长。罗默的这个模型虽然将人力资本因素引入了经济增长模型,但它是发散的,没有均衡解。

（2）卢卡斯对人力资本形成机制的理论贡献

卢卡斯于1988年发表的《论经济发展机制》中,运用更加微观、个量的分析方法,建立了自己的经济增长模型。卢卡斯认为人力资本的积累可通过两种途径来实现,一是通过脱产的在校学习,提高劳动者的知识和技能,二是通过在工作岗位上的边干边学,在实践锻炼中积累经验、增长才干,这种区分的理论意义在于拓展了人力资本的形成途径,尤其是为缺乏教育经费的贫困地区设计了一种积累人力资本的捷径:积极参与国际和区域分工,分享发达经济体的知识和经验,在实践中不断积累新知。

卢卡斯在其人力资本积累模型中,假定每个生产者从事生产和学习的时间总计为一个单位,其中用一定比例 u 的时间来从事生产,则剩余时间 $1-u$ 为学习时间,这段时间被用于积累人力资本,人力资本积累模型为:

$$h'(t) = h(t)\delta(1 - u(t)) \tag{9—2}$$

其中 $h'(t)$ 为人力资本增量,$h(t)$ 表示体现为劳动力的人力资本,δ 为人力资本的产出弹性,$u(t)$ 为生产时间,$1-u(t)$ 为积累人力资本的学习时间。该式表明,如果 $u(t)$ 为1,则 $h'(t)$ 为0,说明如果企业只顾让工人埋头干活,即使终年劳作不休,人力资本仍然无从增长,反之,如果 $u(t)$ 为0,则人力资本可达到最大值,即按 δ 的速度增长。当然,让每个工人都以全部时间学习也是不现实的,套用孔子的话,可谓"劳而不学则罔,学而不劳则殆"。

通过以上对人力资本理论发展的历史回顾,我们可以看出近现代以来,人的因素日益受到学界的高度重视,从亚当·斯密把人的技能和经验并列于实物资本,到知识经济时代人力资本被视为经济增长的决定性因素,人类对自身能力在经济增长和社会进步中的作用给予了越来越高的肯定和期许。这就给本节研究人力资本财富效应提供了坚实的理论基础。

9.2 人力资本财富效应的生成机理和影响因素

以上研究都是从生产的角度,把人力资本作为一种和自然资源及实物资本并列的重要因素,探讨投入和产出之间的关系。本章的侧重点在于从消费的角度,将人力资本作为一种居民个人的财富,探讨它的价值变动和消费之间的关系。与居民家庭的金融资产和实物资产一样,人力资本也来自居民总收入之中用于生活性消费支出之后的结余,它和居民可支配收入以及其他资产一起,共同构成了影响居民整个生命周期内总消费支出的约束条件。分析居民家庭人力资本的财富效应,和前述章节分析金融资产和实物资产财富效应在理论逻辑上是一致的。本节从多个角度,分析居民家庭人力资本财富效应的发生机理和影响因素。

9.2.1　人力资本财富效应的发生机理

人力资本既不像金融资产那样因为具有较强的变现能力而随时可以转化为消费支出,也不像住宅等不动资产那样可以较快地取得出租收益或者一次性变现为巨大的货币收入,它的形成往往要经历漫长的积累过程,它的变现也要受各种主客观条件的限制而难以一步到位。因此,人力资本财富效应的发生机理有其自身的特殊性,本节将从以下四个方面,对人力资本积累导致消费变动的发生机理进行深入分析。

(1)人力资本的积累可导致居民对工作稳定性的信心增强

一般而言,人力资本实力雄厚者,更能适应社会的变化,满足工作岗位的职业要求,对就业岗位的可挑选余地大,自身的可替代性小,从长远看,其工作稳定性较强。

表 9—1　中国城镇失业人员未工作时间构成

单位:%

受教育程度	城镇失业人员	失业时间					
		1 个月	2—3 个月	4—6 个月	7—12 个月	13—24 个月	25 个月以上
总计	100.0	4.6	11.3	16.2	26.4	19.4	22.2
未上过学	100.0	5.8	11.4	15.0	25.9	23.1	18.9
小学	100.0	6.4	12.0	14.2	28.0	17.7	21.6
初中	100.0	4.9	9.9	14.7	26.4	20.0	24.1
高中	100.0	3.4	10.5	16.3	25.5	20.1	24.3
大学专科	100.0	5.5	14.8	16.7	29.9	17.0	16.1
大学本科	100.0	4.4	14.5	26.1	22.6	17.7	14.6
研究生及以上	100.0	7.1	20.5	12.7	23.5	24.9	11.4

数据来源:《2013 年中国人口与就业统计年鉴》。

表 9—1 反映了中国一定时期内各种学历层次的失业者的未工作时间构成。从中可以看出,受教育程度为高中及以下的两年以上失业人员比例达 20%以上,而大学专科及以上两年以上失业人员比重明显降低,而研究生以上人员短期内未工作比例并不低,却鲜有长期失业者。说明学历层次低的人工作稳定性相对较低,而人力资本相对雄厚的高学历者,在短期内不排除四处寻找岗位的摩擦性失业,但大多能在短期内找到自己的位置,工作稳定性相对较高。

工作的稳定性直接影响到居民的永久收入预期,人力资本积累越多者,未来的工作稳定性越强,越能形成永久收入预期,从而敢于在当前适当消费。

(2)人力资本的积累可使居民对自身职业前景产生乐观预期

人力资本作为一种生产要素,其配置同样受市场机制的作用,具备相对雄厚人力资本积累的居民个人,自然人往高处走,去往与自身价值相称的行业。据《中国人口和就业统计年鉴》2013年数据,按行业分的全国就业人员受教育程度构成中,大专以上人员就业比例较高的行业为金融、信息传输、计算机服务及软件、科技服务、教育和公共管理部门,这些行业或有远大的发展前景,或收入丰厚,或稳定体面。身处以上行业,其职业前景让人产生乐观预期,而且在各自岗位上,随着人力资本的不断积累,就业者的专业技能日益精湛,通用知识也渐趋广博,工作经验也越来越丰富,他们有理由相信自己的收入会随着经营业绩的提升和职业资历的积累而逐渐增加,消费信心也随之增强。

(3)人力资本的积累可带来消费信贷的便利

通过以上分析可以看出,其他条件一定时,往往人力资本实力相对雄厚者,其收入也较为稳定和富足,在获取消费信贷时,可相对容易地获得授信额度。比如商业银行和担保公司的消费信贷资信等级审核标准,多以高学历作为优质客户的必备条件之一。所以人力资本的积累可通过相对便利的信贷条件鼓励消费性支出。

(4)人力资本的积累最终导致家庭财富存量的增加

由于上述原因,人力资本实力相对雄厚的居民,其丰厚的收入和相对宽松的信贷条件,可能使其家庭资产存量较大,在其身处的经济体经济增长态势良好的阶段,其资产如果能够升值,也将增强该居民对未来前景的乐观预期。表9—2是据第五次中国人口普查资料,2000年我国按户主受教育程度分的居民家庭资产状况统计。

表9—2　按户主受教育程度分的居民家庭资产状况统计

户主受教育程度	家庭财产总额(元)	与平均水平之比
研究生	499 402	2.19
大学本科	372 933	1.63
大学专科	304 269	1.33
中专	212 073	0.93
高中	187 086	0.82
初中	152 849	0.67
小学	143 931	0.63
总体平均	228 318	1.00

数据来源:《2003年中国统计年鉴》第五次全国人口普查资料数据汇总。

表 9—3 是 2010 年第六次全国人口普查资料中全国范围按户主学历层次划分的家庭住房情况。

表 9—3　全国按户主的受教育程度分的家庭户住房状况

受教育程度	平均每户住房间数 （间/户）	人均住房建筑面积 （平方米/人）	人均住房间数 （间/人）
总计	3.10	30.41	0.99
未上过学	2.91	30.66	1.08
小学	3.30	29.97	1.00
初中	3.21	29.50	0.98
高中	2.82	31.14	0.97
大学专科	2.57	34.77	0.98
大学本科	2.55	37.38	0.99
研究生	2.52	39.49	1.00

数据来源：国家统计局网站 2010 年第六次全国人口普查资料。

表 9—2 和 9—3 清楚地表明，家庭资产总额明显与户主受教育程度正相关。拥有雄厚人力资本的居民，其家庭相对殷实的财富也将增强其消费信心。

以上分析并未区分各类人口消费行为的差异——在校学习的大中学生，各行各业的中坚力量，功成名就的业界翘楚或是颐养天年的离退人员的消费行为理应各有不同，而是假设统计样本内人口平均数值表征的"代表性消费者"体现了各类消费者的平均特征，由于传统文化的影响和现实榜样的示范，人力资本积累相对实力雄厚者，确有可能由于上述机制而对未来永久性收入产生乐观预期，从而增强消费信心，产生财富效应。其财富效应的发生机理与金融资产和住宅资产虽有不同，但在理论逻辑上与 LC-PIH 即生命周期——永久收入假说基本一致。以下正是基于这一分析，继续沿用前述章节的计量模型，对中国城乡居民人力资本的财富效应进行实证研究。

9.2.2　影响人力资本财富效应发挥的主要因素

根据人力资本财富效应的生成机理分析，可以得出影响人力资本财富效应发挥的主要因素。

（1）所学知识的适用性

花费一定的成本，所学知识如果能够很好地适应企业与社会的发展要求，不论是脚踏实地的基本技能，还是勇立时代潮头的高科技点金术，都能有力地促进经济增长，增加个人收入，财富效应也将得到充分发挥。反之，如果所学知识不够适用，流于泛泛,或者是屠龙之技,曲高和寡,即便所费代价再大,也难以找到用武之地,人力资本的财富效应便无从发挥。

(2)学习费用的挤出效应

如果学习费用相对低廉,甚至是政府免费提供学历教育,或者在企业内部进行免费职业培训,居民当然可以从容积累自身的人力资本,其财富效应也可自然发挥。但是如果学习成本相对高昂,将对居民当期,甚至是下期的消费产生挤出效应。身处其中的消费者即使从理性上能够认识到人力资本的积累对其将来职业发展大有裨益,奈何眼前代价高昂,唯有分清轻重缓急,以目前的节衣缩食为代价,在经济上刻苦自励,学习上发愤图强,"今朝吃尽苦中苦,来日方为人上人",此时除非出身富贵之家,对普通居民而言,不论他对未来如何踌躇满志,也难以保持正常消费水平,因积累人力资本而造成的对消费的挤出效应由此发生。

9.3 人力资本的测量方法

以上本章梳理了人力资本理论的发展脉络,并分析了人力资本财富效应的发生机理和影响因素,在检验我国城乡居民人力资本财富效应之前,我们面临的问题是如何对人力资本存量进行测量。现有的人力资本测量方法种类较多,原理各异。本节首先简要介绍各种方法的基本原理,然后比较各自优劣,从中选定适合本章研究目标的人力资本测量方法。

根据谭永生(2006)、王德劲(2007)以及李锡元、王小啊(2008)等的总结,人力资本存量可从自身特征、投入角度和产出角度进行测量。

9.3.1 从人力资本自身的特征进行测量的方法

测定人力资本存量的方法中最容易理解的是对其特征的衡量,可以按人力资本积累完成之后形成的各种资历来计算人力资本,如学历指数法、技术职称等级法等;还可以按人力资本在社会生产过程中的作用来测量人力资本。

(1)学历指数法

这种方法是以人为设置的学历指数衡量人力资本的大小,如果对不同层次的人赋予相应大小的学历指数,则经济体人均人力资本存量就是对各色人等进行学历指数加权平均。按照这一方法,某一时点上一个经济体的人均人力资本为:

$$\bar{R}_t = \sum_{i=1}^{8} R_{it} W_{it} \tag{9—3}$$

其中,$\bar{R}_t$ 为 t 时点上经济体人均学历指数,R_{it} 为 t 时点上各种人群各自的学历指数,按文盲、小学、初中、高中、专科、本科、硕士和博士分为 8 个等级,各个等级由低到高赋予相应学历指数。W_{it} 为 t 时点各学历层次人数的权重。关于学历指数的赋值，学者们虽然方法各异，但是都考虑到了人力资本的累积特征，将学历指数序列赋值为几何增长或者指数增长，一般为 2 或 e 的幂级数，即用 $2^0, 2^1, \cdots \cdots 2^8$ 或者 $e^0, e^1, \cdots \cdots$ e^8 依次代表从文盲到博士的各类人员的人力资本存量。

这种方法的优点是简便易行，缺点是缺乏客观依据。

（2）技术职称等级法

这种方法将各类人员拥有的技术职称等级作为衡量其人力资本存量的依据，与学历指数法一样，也可以赋予各类人员不同的等级指数。这种方法比学历指数法更能衡量劳动力的专业知识和技能，在衡量具体个人的人力资本时简便易行，但在我国很难找到在时间上连续固定，在空间上统一可比的技术职称等级评定标准，人力资源市场数据残缺不全，限制了这一方法的实际应用。

（3）人力资本分解法

这种方法把人力资本分为高级人才与普通劳动力，分别度量他们在经济发展中的作用，其优点是区分了不同人力资本的特征，缺点是人才定义的内涵和外延比较模糊。

9.3.2　从产出角度测定人力资本的方法

从产出角度测定人力资本，是指用人力资本投资所能产出的收益来衡量人力资本的价值。国内外学者从产出角度衡量人力资本，用得最多的是劳动力报酬法，即将各类就业人员因为提供人力资本而实际获得的薪酬进行贴现求得其人力资本价值。

这种方法的优点是原理清晰，计算简单，数据可得性较好。缺点是在实际应用中误差较大。首先，薪金收入是对就业者提供的人力资本的报酬，这种报酬未必能与就业人员提供的人力资本的数量和质量相符合，体现在现实中，就是同工不同酬或者脑体倒挂等现象。其次，即使劳动者获得了与其贡献的人力资本相称的报酬，这种报酬也未必能体现该劳动者身上实际蕴含的人力资本，这种情况类似于现实生活中的"学非所用"。最后，该方法的数据可靠性争议较大，虽然官方统计部门定期公布劳动工资数，使得数据可得性较好，但是官方公布的数据没有覆盖劳动者的所有收入，人们为了避税，往往少报收入，导致这种方法低估了人力资本存量。

9.3.3　从投入角度测定人力资本的方法

从投入角度测定人力资本，是指对积累人力资本过程中投入的要素进行加总。有的是计算人力资本积累整个过程中投入的金钱，比如教育经费法；有的是计算人力资本积累过程中耗费的时间，比如受教育年限法。这类方法的共同特征是按照人力资本的形成与积累过程来计算人力资本的总量。

（1）教育经费法

这种方法把积累人力资本的成本分为公共支出和个人支出，公共支出包括政府财政支出中的教育经费和卫生保健经费，以及企事业单位人力资源培训开发的支出。个人支出包括家庭成员因接受教育和培训直接支付的学费等"会计成本"和因接受教育和培训而放弃的其他收入等"机会成本"。现阶段以上数据除历年各地区用于文教卫生的政府财政支出有案可查，其余数据均无完整统一的统计结果，因此本研究无法应用这一方法。

（2）受教育年限法

受教育年限法作为一种投入角度的衡量方法，之所以被放在最后加以阐述，是为了强调该方法相比于其他方法的优点和对本课题研究的适用性。

这一方法是以劳动力在校受教育的年限表征其蕴含的人力资本的存量大小，按照这一方法，本研究所需的某一地区某一时点上人均人力资本为：

$$\bar{R}_t = \sum_{i=0}^{n} R_{it} W_{it} \tag{9—4}$$

其中 $\bar{R}_t$ 代表某时点上某经济体以受教育年限表示的人均人力资本，R_{it} 为该经济体某时点上某学历层次劳动力的在校学习年限，以文盲、小学、初中、高中等为例，分别为 0、6、9 和 12 年等，W_{it} 为权重。

这一方法不仅简便易行，而且数据可得性和可靠性都比较高。除此之外，受教育年限法还有其他一些优点。比如，受教育年限较长的人，由于在校期间培养的技能与作风，使其在工作实践中积累新知的自觉性和学习能力也较强，这可在一定程度上克服这一方法的片面性，这与罗默对知识的分类和卢卡斯对人力资本积累途径的分析比较一致。受教育年限较长者，其收入和家庭资产也比较多，符合前文分析的人力资本财富效应发生机理。受教育年限较长的人也比受教育年限较短的人更注重自己的健康保健，这与舒尔茨对人力资本外延的界定比较吻合。

与"特征"法相比，受教育年限法可以克服学历指数法的主观臆断，避免技术职称等级法和人力资本分解法的标准不一和数据缺失。与劳动报酬法相比，受教育年限法可以排除制度性因素带来的统计误差。与教育经费法相比，由于劳动者受教育年限与相应的教育经费支出有较强的正相关性，可以替代教育经费法衡量蕴含在劳动者身上的人力资本，而且数据的可得性和可靠性更高。

该方法的不足之处在于，它把人力资本存量的变化与受教育年限之间的关系视为线性关系，将小学教育 1 年时间与大学教育 1 年时间积累的人力资本看成是相同的，忽略了不同阶段教育内容的巨大差异，也没有衡量基础教育与职业教育以及同等学历不同年龄的劳动者的差别。虽然受教育年限法有这些不足，但这是以上其他方法的共同缺陷。

综上所述,不同的人力资本存量测定方法各有其优势与不足,目前尚未发现"完美的"统计方法。研究的目的是决定人力资本测量方法取舍的主要依据,根据上述各类方法的适用性和各自所需数据的可得性与可靠性的综合比较,本章拟采用受教育年限法测定我国历年各地区城镇和农村人均人力资本存量。

9.4　中国城乡居民人力资本财富效应对比研究

本节首先对中国城乡居民人力资本财富效应分别进行检验,再对检验结果进行比较分析,以期得出相应的结论与政策含义。

9.4.1　数据来源与处理

本节采用 2001 年以后中国历年各地区城乡面板数据,城乡居民人力资本存量数据采用受教育年限法测定,数据来自《中国人口统计年鉴》和《中国人口与就业统计年鉴》中按受教育程度分的人口统计,城镇居民受教育人口数据用城市和镇的受教育人口相加。本研究将受教育年限按未受过教育、小学、初中、高中依次记为 0、6、9、12。年鉴中大专以上人口只发布了总数,未按具体学历分类,本节把大专以上人员受教育年限近似设定为 16。

本节研究采用从 2001 年开始到 2010 年全国第六次人口普查时的全国除港澳台之外所有省、自治区和直辖市的面板数据。计量时采用人均数值,历年各地区城乡居民人均消费性支出和人均可支配收入数据来源与本书前面章节相同,且都经过各地区历年城镇和农村消费物价指数分别平减,各地区城乡居民人均人力资本用各地区统计样本内 6 岁以上人口平均受教育年限近似替代,平均受教育年限等于各层次受教育人口数乘以相应年限之和再除以样本人口总数。

9.4.2　农村居民人力资本财富效应检验

本节检验居民人力资本财富效应,仍沿用基于 LC-PIH 理论推导的模型。即:

$$NXF_{it} = a_0 + a_1 NR_{it-1} + a_2 NSR_{it} + \varepsilon_{it} \qquad (9\text{—}5)$$

为避免量纲的不一致,并计算人力资本和可支配收入对消费性支出的弹性,还可以用对数形式进行检验,即

$$\ln NXF_{it} = b_0 + b_1 \ln NR_{it-1} + b_2 \ln NSR_{it} + \mu_{it} \qquad (9\text{—}6)$$

以上检验模型中,NXF,NR 和 NSR 依次代表农村居民人均消费性支出,人均人力资本和人均可支配收入,i 代表各省、自治区和直辖市样本的代表性消费者,t 代表 2001 年开始的各年度,人力资本的下标 $t-1$ 代表上一期,为和 LC-PIH 理论保持一致,模型考察的是上一年度人力资本积累的存量对下期消费性支出的作用。

经比较混合模型、个体固定效应模型和个体随机效应模型的验算结果,发现个体固定效应模型较为合理,经 eviews6.0 计算输出的结果如下:

$$NXF_{it} = -502.5 + 53.1NR_{it-1} + 0.79NSR_{it} \qquad (9\text{—}7)$$

$$\begin{array}{cccc} t & -2.64 & 1.68 & 60.4 \end{array}$$

$$\begin{array}{cccc} P & 0.0089 & 0.09 & 0 \end{array}$$

$$A - R^2 = 0.99, F = 806,$$

$$\ln NXF_{it} = -1.24 - 0.017\ln NR_{it-1} + 0.01\ln NSR_{it} \qquad (9\text{—}8)$$

$$\begin{array}{cccc} t & -10.2 & -0.21 & 69.9 \end{array}$$

$$\begin{array}{cccc} P & 0 & 0.83 & 0 \end{array}$$

$$A - R^2 = 0.995, F = 1134$$

以上检验表明农村居民的人力资本财富效应虽然微弱,但是相当明显。从(9—7)式结果来看,农村居民的代表性消费者每多受一年学校教育,可增加 53 元的消费性支出。检验方程的拟合优度和系数的联合显著性都比较高。同时从(9—7)和(9—8)两个检验结果都可看出,不论采用何种形式进行检验,农村居民消费的主要决定因素仍然为当期可支配收入。

检验结果中有两点值得注意,一是农村居民的自发性消费居然为负,说明其统计中的人力资本和可支配收入为零时,农村居民不用借贷消费,反而自给有余。可能的原因是农村居民的粮食、蔬菜、家禽肉蛋等可以自给,这部分收入未予统计,这一点和前文检验结果相同,所不同的是财产形式,本章检验的是人力资本,农村留守居民多为老人和小孩,即使未受过学校教育,也具备一定的来自学校教育之外的未予统计的体现为生产常识与技能的人力资本,可以进行农业生产,满足基本生活需要,甚而自给有余。

统计结果中另一点需要解释的是(9—8)式显示农村人力资本财富效应为零,似乎与(9—7)式的结果相互矛盾,其实这一结果正可反映人力资本财富效应发挥过程的特征,从年鉴数据中可以看出我国各地农村 6 岁以上人口平均受教育年限较低,全国历年平均水平为 7 年左右,按照(9—8)式的检验结果,农村居民消费对受教育年限的弹性接近于零,其经济含义为受教育年限增加 1%,即多受 20 余天在校教育,对其消费不能体现出任何作用。这是因为人力资本积累的长期性决定了短时间在校教育不足以培养学生的知识与技能,自然其财富效应也无从发挥。知识的积累需要经年累月持之以恒的学习过程,只有经过较长时期的努力,其财富效应才能得以显现,(9—7)式的检验结果就说明了这点。

9.4.3　城镇居民人力资本财富效应检验

城镇居民人力资本财富效应检验模型与农村居民相同，具体形式如下：

$$CXF_{it} = c_0 + c_1 CR_{it-1} + c_2 CSR_{it} + \upsilon_{it} \tag{9—9}$$

其对数形式为：

$$\ln CXF_{it} = d_0 + d_1 \ln CR_{it-1} + d_2 \ln CSR_{it} + \omega_{it} \tag{9—10}$$

其中 CXF，CR 和 CSR 分别代表城镇居民人均消费性支出，人均受教育年限和人均可支配收入，其余字母含义同上。

采用个体固定效应模型经 eviews6.0 计算后检验结果如下：

$$CXF_{it} = 1165 + 17.7 CR_{it-1} + 0.67 CSR_{it} \tag{9—11}$$

$$t \qquad 2.99 \qquad 0.41 \qquad 71.4$$

$$P \qquad 0.003 \qquad 0.68 \qquad 0$$

$$A - R^2 = 0.98, F = 409$$

$$\ln CXF_{it} = 1.32 + 0.01 \ln CR_{it-1} + 0.83 \ln CSR_{it} \tag{9—12}$$

$$t \qquad 9.4 \qquad 0.25 \qquad 70.8$$

$$P \qquad 0 \qquad 0.8 \qquad 0$$

$$A - R^2 = 0.99, F = 508$$

检验结果表明我国历年各地区城镇居民在校教育形成的人力资本对其消费的促进作用不明显，居民的消费仍然主要由其当期可支配收入决定。不论是原数值形式还是对数形式，结论都是如此。

9.4.4　城乡居民人力资本财富效应检验结果的对比分析

以上检验结果表明我国农村居民人力资本财富效应虽然微弱，但统计性质显著，财富效应的存在确凿无疑，而城镇居民人力资本财富效应接近于零。结合上文所述人力资本财富效应的影响因素，我们可以发现导致上述差异的原因。

（1）知识的适用性使农村居民人力资本财富效应比城镇居民更加明显

劳动者所学知识对其就业岗位要求的适用性是决定其人力资本财富效应能否发挥的先决条件。受罗默和卢卡斯的启发，此处不妨将在校正规教育中所学知识称为"一般知识"，而将在工作岗位上通过实践摸索得到的技能与经验称为"专门知识"。众所周知，在校教育，包括本科阶段的教育，传授的多为人类千百年来逐渐积累的关于自然和人类社会的普遍知识，属于"通才教育"，对于较低层次的一般工作，自是应付裕如，但要在日新月异的当今社会取得一席之地，必须经受"专才教育"，把在学校所学的普遍规律和实际工作具体实践结合起来，不断摸索总结，才能真正积累高质量的人力资本，即所谓"纸上得来终觉浅，绝知此事要躬行"。

比较我国城乡居民人力资本层次和所从事工作的性质,可以得出造成两者人力资本财富效应差距的原因。农村居民,包括进城务工人员,从事的多为相对简单的体力劳动,本节统计资料表明其学历多为初中以下,他们通过在校学习掌握的读写和计算等基本能力,足以胜任其担负的工作。亚当·斯密在其《国富论》中就已指出劳动者基本的诵读、书写和计算能力在从事一般工作中的重要作用①。我国政府把义务教育定为九年而不是六年或十二年,正是考虑到基本国情和应付一般工作的需要。农村居民所学知识和其担负的工作性质基本一致,是其人力资本财富效应得以发挥的首要因素。

反观城镇居民,通过在校学习掌握的一般知识只能帮助他们在社会上找到饭碗,成为其立足社会的必要条件,并不足以构成其职业发展的充分条件。从城镇劳动力市场人力资本供求结构上看,据人力资源和社会保障部对全国各地城镇劳动力市场的调查统计数据,2001 年以来历年我国城镇劳动力市场上在人力资源需求方面,约89%的用人单位对求职者文化程度提出了要求,约 40%的职位要求高中学历,约27%的职位要求初中及以下学历,约 23%的职位要求大专及以上学历。人力资源供给方面,高中学历人员是劳动力市场上求职者的主体,占全体求职者总数的 45%左右,初中及以下文化程度人员约占求职者的 27%,大专以上求职者比重大约 22%。可见求职人员文化结构和用人单位的需求结构基本一致。

从历年城镇劳动力市场中人力资本供求总量上看,历年用人单位各学历层次岗位空缺数量和相应学历层次求职人员数的比例多在 0.9 到 1.1 之间,可见劳动力市场各学历层次人员供求大体平衡。表 9—4 显示了 2001 年以来历年全国城镇人力资源市场上大专以上文化人员的供求变化。从中也可看出,多数大专以上文化人员都有机会找到自己的就业岗位。

表 9—4　历年城镇人力资源市场大专以上人员供求变化　　　　单位:%

年度	需求比重	求职比重	岗位人数/求职人数
2001	30.8	31	78
2002	22.5	28.6	70
2003	12.3	15.9	80
2004	18.9	22.7	88
2005	20.9	25.3	90
2006	22.5	26.5	92

① 亚当·斯密著;谢祖钧,孟晋,盛之译. 国富论[M]. 长沙:中南大学出版社,2003:518.

续表 9—4

年度	需求比重	求职比重	岗位人数/求职人数
2007	22.9	28.7	89
2008	22.2	27.1	88
2009	21.8	29.6	79

数据来源:人力资源与社会保障部2009年城镇就业市场分析报告。

我们的问题是,从城镇人力资源市场上供求双方的总量与结构上看,各学历层次人员大体都可和相应岗位空缺保持供求平衡,多数时间还略有剩余。从表面上看,各学历层次人员似乎能够各得其所,找到适合自己的岗位,既然如此,为什么城镇居民以学历层次表征的人力资本财富效应不明显?造成这一现象的原因应该十分复杂,笔者认为,其中最重要者在于城镇居民人力资本总体上看来属于"一般知识",不足以应付现代知识经济的要求,导致应付一般工作有余,而能够从事高档、精细和尖端工作的人员偏少,除了垄断部门的员工因其所处企业的超额利润而可获取高额稳定的回报之外,能够凭借自身的"专业技能"获取丰厚报酬的人员仍然偏少。尽管本书的计量模型限于数据的可得性而只能采用受教育年限法衡量人力资本,遗漏了在现代经济增长中具有决定性作用的,来自工作实践锻炼的"专门知识",但是现阶段中国城镇高端人才的匮乏仍是不争的事实。表9—5显示了2001年以来我国各年度城镇人力资源市场上专业技术人才的供求情况。

表 9—5 历年城镇人力资源市场岗位空缺数和求职人数的比率

年度	技工	工程师	高级技工	高级工程师
2001	0.6	0.88	0.78	0.81
2002	1.27	1.46	1.3	1.05
2003	1.63	1.4	2.04	1.74
2004	1.87	1.44	2.13	1.68
2005	1.85	1.51	2.06	2.06
2006	1.96	1.65	2.03	2.21
2007	2.03	1.65	2.54	1.93
2008	2.01	1.57	1.93	2.05
2009	1.84	1.44	1.86	1.9

资料来源:人力资源与社会保障部2009年城镇就业市场分析报告。

由表9—5可以看出,我国城镇人力资源市场上,技师、工程师、高级技师和高级工程师这些具有专业知识和精湛技艺的人才十分紧缺。

综合表9—4和9—5可以发现,我国城镇人力资源市场上,通过在校教育获得了"一般知识"的就业人员供求大体平衡,还略有富余,而在实践中积累了"专业知识"的熟练和高端人才却供不应求。城镇人力资源市场上主要缺乏的不是"高学历"人才,而是"高技能"人才。说明我国城镇居民现阶段来自实践环节的,更能适应知识经济时代要求的人力资本积累严重滞后,这就是城镇居民人力资本财富效应难以发挥的重要因素之一。

综上所述,知识的适用性是影响人力资本财富效应发挥的主要因素之一,农村居民虽然人均人力资本积累水平低于城镇居民,但是其从事的工作层次也相对较低,农村居民通过在校学习掌握的读写与计算能力可以较好地适应其工作要求,其人力资本投资在工作中得到了回报,自然对其消费信心有所增强。与农村居民相比,城镇居民人力资本财富效应之所以不明显,是因为通过在校学习积累"一般知识"的通才教育不足以让城镇居民很好地适应日新月异的知识经济时代的要求,仅靠在校学习获得的一般知识无法解决现实中遇到的复杂问题,食而不化或故步自封的"高学历人才",自然难以获得人力资本的投资回报,人力资本的财富效应也就无从发挥。只有在工作实践中不断学习和积累专业知识与技能,才能使人真正学以致用,获得丰厚回报,这样的人力资本积累,才能增强消费信心,产生财富效应。

(2) 相对高昂的教育成本抑制了城镇居民人力资本财富效应的发挥

学习成本的挤出效应也是影响人力资本财富效应发挥的主要因素之一,我国城乡居民通过在校正规教育形成的人力资本财富效应之所以有高下之分,学习成本的差距也是不可忽视的重要原因。虽然农村居民人均收入较低,但其学费也相对低廉,尤其是2005年国务院发布了《关于深化农村义务教育经费保障机制改革的通知》,决定免除西部所有省区农村学生9年义务教育阶段的学杂费,对贫困家庭学生免费提供教科书并补助寄宿生生活费,此后中东部地区农村也免除了义务教育学杂费,针对农村进城务工人员子女教育,各地政府还多方筹办了子弟小学,其学费也相对低廉。反观城镇地区的居民子女学习费用,除了正常的学杂费、书本费,还有各类名目的资料费、服装费、食品费、补课费、赞助费和择校费等,甚至在9年义务教育开始之前的幼儿园阶段,数目不菲的赞助费就普遍存在。

除了可以用货币价值衡量的学习费用,与农村居民相对粗放的教育方式不同,城镇居民还因子女教育付出了其他难以计量的"心力成本"或"时间成本",比如城镇居民普遍存在"不能让孩子输在起跑线"上的心理隐忧,促使家长从儿童的"亲子班"阶段即开始"陪公子读书",不仅经常主动或被动地亲自参与学校的教育活动和辅导孩子作业,每天还要花费大量时间负责接送。天长日久,家长自身也渐生惰性,把自己的希望寄托在孩子身上,忽视了自身人力资本的积累。长此以往,过于高昂的城镇居民子女教育的"时间成本"，磨灭了部分城镇居民的进取心，延误了其自身的来自工作实践的"专业知识"积累，如前文所述，这种学校教育之外的专业知识是知识经济时代最重要的人力资本组成部分，因而影响了他们职业发展和对自身未来的乐观预期，从而抑制了城镇居民家庭人力资本财富效应的发挥。

第十章 基于心理账户实验的农村居民家庭资产财富效应研究

本课题前面章节基于经典的生命周期和永久收入假设,对农村居民家庭各类资产的财富效应进行了实证检验。1980 年代以来,行为经济学取得了很大进展,在消费函数领域,行为生命周期理论可以较好地分析财富效应的发生机理。本章通过实际调研,运用行为生命周期理论的心理账户实验,对农村居民家庭资产财富效应进行初步的分析。

10.1 财富效应心理账户实验的理论基础

10.1.1 心理账户概念

心理账户(Psychic Accounting)概念由芝加哥大学 Richard Thaler(1980)首次提出,后经 Kahneman 和 Tversky(1985)建议,心理账户一词修正为"Mental Account"。Richard Thaler(1985)接受这一建议,首次系统提出心理账户(Mental Account)理论。他认为,微观经济主体,比如个人、家庭或者企业,在进行经济决策时,都有或明或暗的心理账户系统,心理账户的首要特征,是其"非替代性"(Nonfungible)。传统经济学视野中的货币是同质的,此一元钱与彼一元钱无本质区别,可以相互替代。购买商品和服务时,并不需要区分使用哪一部分货币效用更大,而心理账户理论认为不同性质与来源的财富之间不具备可替代性,人们往往根据财富的来源和预先设定的用途,把自己的财富分到不同的"心理账户"中去"专款专用",不肯相互挪用与替代。具体而言,Richard Thaler(1985)认为人们至少认为以下几种情形之中,不同心理账户中的货币不可相互替代:

(1) 不同来源的货币不可相互替代。同样是货币,如果得来的成本不一样,则被设定在不同的心理账户,比如血汗钱和意外之财,相互之间不可替代,血汗钱往往备受珍惜,妥善安排,而彩票中奖得来的钱往往被迅速挥霍一空。

（2）不同用途的货币不可相互替代。人们往往倾向于为自己的货币设定不同的用途账户,不同用途的货币之间不可替代。比如人们为自己的货币安排了日常开支与人情往来账户,则同样一件昂贵的商品,如果用自己的日常开支,则舍不得购买,但如果用于人情往来,则被认为是物有所值的。

（3）不同存储方式的货币之间不可相互替代。比如用于子女将来去国外读大学的储蓄,需要长期投入,零存整取。如果突然有一天子女获得了去国外中学作交换生的机会,则人们往往宁愿临时以更高利率申请贷款,也不愿动用事先设定了同样用途的长期储蓄。

Thaler(1985)进一步认为,人们在进行各个心理账户运作的计算时,依据的不是基于理性决策的效用最大化,而是情感满意的最大化,其方法是一种基于得失的分析框架(Framing of Gains and Loss),并将其称为"享乐主义的编辑"(Hedonic Editing)。Tversky 和 Kahneman(1981)提出的价值函数(Value Funtion)有助于理解分析这种心理账户的分析框架。区别于传统微观经济学的效用函数(Utility Function),价值函数以某一参照点,如某一价格为基础,分析自己某一经济决策的得与失。以心理得失为自变量,以心理满足感为价值函数,则"得"方和"失"方的价值函数都是递减函数,其中"得"方曲线较为平坦,"失"方曲线较为陡峭,意味着规避损失比获得心理收益更有价值。Thaler(1985)在此基础上总结了心理账户的若干运算规则。

10.1.2　行为生命周期理论

本课题第二章理论分析部分详细介绍了生命周期与永久收入假说,其前提依然是传统经济学的理性人假说,理性的人能够不为眼前暂时现象所惑,放眼一生,深谋远虑,当收入丰厚时,能主动增加储蓄,以丰补歉,积谷防饥。收入下降时,能寻求信贷支持,平滑当期消费,使其一生的总效用达到最大。这种完全理性化的行为难以完全解释现实中的许多经济行为。Shefrin 和 Thaler(1988)提出的行为生命周期(BLC,Behavioral Life Cycle)假说,是对传统 LC-PIH 理论的修正与补充。

行为生命周期理论将自我控制、心理账户和得失分析框架这三个基本概念融入传统的生命周期和永久收入假说中,形成了行为生命周期理论。行为生命周期理论最重要的假设是:家庭将其财富的各个组成部分视为相互不可替代的,即使没有信贷配给,也是如此,即人们不会因为无法获得贷款,就把不同心理账户内的资产拿来拆东墙补西墙,而是基于自我控制和得失分析框架,坚持自己的心理账户设定。

具体而言,人们把自家的财富分到了三个不同的心理账户之中:现期收入、现期资产和将来的收入。最易受到支出诱惑的是现期收入,最不易引起支出冲动的是将来的收入,现期资产介于其间。不仅不同心理账户的支出诱惑有大有小,而且同一个心理账户,其支出诱惑也随其余额大小而变化,余额越大,越有支出的诱惑,相当于"财大气粗",消费的底气足。

行为生命周期的消费函数为 10—1 式:

$$C = F(I, A, F) \tag{10—1}$$

且有

$$1 \approx dC/dI > dC/dA > dC/dF \approx 0 \tag{10—2}$$

其中,C 为消费支出,I 为现期收入,A 为现期资产,F 为将来的收入。10—1 式说明消费是现期收入、现期资产和将来收入的函数,10—2 式说明现期收入的边际消费倾向最大,接近于 1,现期资产的边际消费倾向次之,将来收入的边际消费倾向最小,接近于零。

10.2　财富效应心理账户实验设计

本课题基于心理账户实验,进行了结合普惠金融视角的农村居民资产财富效应的检验。实验的设计包含实验目的、实验方法和实验对象。

10.2.1　实验目的

实验的目的是为了检验行为生命周期理论中关于财富效应的论断在中国农村居民中是否符合实际,以及普惠金融对其财富效应的影响。按照行为生命周期理论,10—2 式中 dC/dA 正是待检验的财富效应。具体而言,我们的实验目的是要考察以下问题:

(1)同一收入组心理账户中的现期资产的财富效应,究竟是否介于现期收入和将来收入的边际消费倾向之间?

(2)不同收入组农村居民的三个心理账户的边际消费倾向有何区别?

(3)获得普惠金融服务之后,不同收入组农村居民的现期资产增加有没有进一步增强财富效应?

(4)获得普惠金融服务之后,不同收入组农村居民三个心理账户的生存型和发展型消费有何变化?

10.2.2　实验方法

本课题采用访谈和调查问卷发放的方式进行。为控制调查成本,一般访谈重点对象是进城务工人员的负责人,如餐馆老板、包工头等,访谈过后由其向下属人员发放问卷。问卷中按收入来源设定三个心理账户,即工资奖金利润的现金账户、现期资产账户和未来收入账户。消费分生存型消费(服装、食品、住宿及室内用品)和发展型消费(交通通讯、文教娱乐和医疗保健)。为便于调查对象理解,设定了具体商品和服务类型,如购买手机归入通讯支出,打车进城归于交通支出,学厨师证、考驾照、学习美发技术归入文教支出,看电影 K 歌归入娱乐支出等。为便于统计,食品、服装和外出用餐等,不论是独自消费还是人情支出,一律归入生存型消费。由于具体项目的收入和支出数量难以在事前准确预见,问卷一律以消费意愿的有和无进行统计,而不计算具体金额。

每张问卷分为两个实验,"实验一"是农村居民资产财富效应测度,分别设定三个心理账户的财富增加 30％,对其消费意愿的影响。"实验二"是普惠金融服务对农村居民资产财富效应的影响测度,分析各收入组获得一定优惠贷款之后,三个心理账户消费意愿的变化。

10.2.3　实验对象

本实验发放调查问卷 100 份,回收 85 份,其中有效问卷 76 份。调查对象为在宁工作的农村户籍人员,户籍所在地多为本省或邻近省份,如苏北、安徽、湖南、江西等。职业为制造、建筑、运输、餐饮、快递、美发、零售。按其大致收入,分为高中低收入三组,由于不便询问过于具体的收入与资产信息,只能按照各行业市场行情、经营规模和其具体职位,大体推断其收入并加以分组。一般包工头、餐馆老板、水果百货零售店老板、美发店老板、快递公司站点承包人等归入高收入组,该组 8 人;熟练建筑工、装修工、快递员、理发师、厨师等,归入中等收入组,该组 36 人;普通餐馆服务员、理发店学徒工等归入低收入组,该组 32 人。限于能力,调查对象不含农村地区留守人员。

10.3　财富效应心理账户实验结果

10.3.1　实验一:农村居民资产财富效应测度

由于本实验只是设定某种情景之下的消费意愿,并无具体收入和消费的金额,实验结果并不能显示各类心理账户具体的边际消费倾向数值,而要比较三类心理账户的边际消费倾向,进而验证财富效应的大小,采用的是各收入人群中有增强消费意愿人员的比例,来表征三个心理账户边际消费倾向的大小。实验一的数据经整理后如表 10—1 所示。

表10—1　农村户籍居民资产财富效应心理账户实验结果　　　单位：人，%

	低收入组				中等收入组				高收入组			
	生存型消费		发展型消费		生存型消费		发展型消费		生存型消费		发展型消费	
	人数	比例	人数	比例	人数	比例	人数	比例	人数	比例	人数	比例
现期收入	29	91	3	9	16	44	13	36	2	25	4	50
现期财富	15	47	1	3	11	31	5	14	1	13	2	25
未来收入	10	31	0	0	4	11	2	6	0	0	1	13

从表10—1可以看出，实验要考察的四个问题中，前两个都有较为清晰的结果：

实验结论一：同一收入组内的农村居民现期资产带动的消费介于现期收入和将来收入的边际消费倾向之间。本课题组织的心理账户中，每个收入组内相比，现期收入账户、现期财富账户和未来收入账户财富的增加所引致的消费，不论是生存型消费或是发展型消费，都是现期收入边际消费倾向最大，现期财富效应次之，未来收入效应最弱。实验结论一与行为生命周期的假说一致。

实验结论二：不同收入组的农村居民的三个心理账户的生存型边际消费倾向随收入的增加而递减，发展型消费的边际消费倾向随收入增加而递增。由于实验设计的消费指标不是具体数值而是消费意愿，所以各组的生存型消费和发展型消费比例不能简单相加，只能各自分别观察。从表10—1中可以较为清晰地看出，三个心理账户中，生存型消费意愿的增加随收入的增加而递减，发展型消费意愿随收入的递增而递增。实验结论二与凯恩斯的经典消费函数并无矛盾。

10.3.2　实验二：普惠金融服务对农村居民资产财富效应的影响测度

为测定普惠金融服务对三类心理账户边际消费倾向的影响，假设各类调查对象可按市场利率的一半获得数额不等的贷款，考虑到普惠金融服务的可持续性，参考了各收入组的还款能力，贷款数额等于其一年的可支配收入，还款期限为三年，贷款用于消费、增加生产性固定资产或者自身及家庭成员的人力资本投资。要求被试对象回答，在获得上述贷款的情境之下，现期收入、现期财富和未来收入的增加，是否会促使其在实验一的基础上再次增加消费。实验二的结果如表10—2所示。

表 10—2　普惠金融视角的农村居民资产财富效应心理账户实验结果　单位：人，%

	低收入组				中等收入组				高收入组			
	生存型消费		发展型消费		生存型消费		发展型消费		生存型消费		发展型消费	
	人数	比例	人数	比例	人数	比例	人数	比例	人数	比例	人数	比例
现期收入	10	31	13	41	14	39	28	78	0	0	6	75
现期财富	2	6	3	9	5	14	17	47	0	0	4	50
未来收入	2	6	5	16	3	8	5	14	0	0	2	25

表 10—2 显示在获得相应数量的优惠贷款之后，相对于未获得贷款时进一步增加消费的人数比例。

实验结论三：获得普惠金融服务之后，不同收入农村居民的现期资产增加进一步增强了财富效应。表 10—2 数据显示，在优惠贷款的支持下，不同收入农村居民的三个心理账户程度不同地增加了消费。其中低收入组由于现期财富存量起点较低，获得优惠贷款后不足以带来足够的财富增加，因此现期财富增加带来的消费增加最少。中等收入组和高收入组的财富效应在优惠贷款的支持下进一步凸显。

实验结论四：获得普惠金融服务之后，不同收入农村居民三个心理账户的生存型和发展型消费变化各不相同。现期收入账户中，生存型消费方面低收入组和中等收入组接近，发展型消费方面中等收入组和高收入组接近，高收入组在生存型消费方面无变化。说明中等收入组在生存和发展方面面临的压力最大，迫切需要普惠金融服务。

现期财富账户中，访谈中发现，低收入组目前没有属于自己的生产性固定资产，设想中的贷款也不足以添置高价值生产性固定资产，只能主要用于自身未来的职业技能培训，而这种培训的费用支出，现期并不能马上带来收益。中等收入组中，有部分被试对象表示获得优惠贷款后，可能添置高价值工具、车辆提升自己的业务量，少部分可能想自己当老板。优惠贷款导致的现期财富账户增加引致了较强的消费欲望。高收入组获得优惠贷款后，部分人可能扩大自己的营业面积或经营范围，由此带来的消费集中于发展型消费，如子女教育等。

未来收入账户中，低收入组出于对美好前途的憧憬，由于普惠金融贷款可能提升其人力资本，未来收入账户的增加的发展型消费意愿高于现期的财富效应。高收入组在普惠金融的支持下，各账户生存型消费无变化，发展型消费增加明显，其中财富效应介于现期收入效应和未来收入效应之间。中等收入组表示如能获得优惠贷款，在生存型消费和发展型消费都有一定比例的消费意愿提升。

第十一章 结论和建议

11.1 研究结论

本课题基于 LC-PIH 理论，建立了不确定条件下农村居民家庭资产财富效应的检验方程，利用面板数据模型，分别研究了农村居民家庭四种资产，即银行储蓄存款、住宅资产、生产性固定资产和人力资本对农村居民消费支出的促进作用。基于行为生命周期理论的心理账户实验，分别研究了现期收入、现期财富和未来收入这三个心理账户的财富增加对农村居民消费的影响。重点从普惠金融视角，分析了各类实证结果。主要研究结论如下：

11.1.1 农村居民家庭银行储蓄存款表现出一定的正向财富效应

凯恩斯的消费函数中当期储蓄和消费之所以负相关，是因为短期内收入一定，储蓄和消费此消彼长，而本课题研究的是长期内上期储蓄对下期消费的影响，且银行存款只是居民储蓄的一部分，实证结果表明多数省份农村居民家庭银行储蓄存款表现出一定的促进消费的正向财富效应。本课题结合普惠金融视角对此结果进行了分析，发现各地区农村居民家庭银行存款财富效应与普惠金融发展水平相关性很弱。本课题认为造成农村居民银行存款财富效应与普惠金融发展水平相关性很弱的原因有三个，一是银行储蓄的永久性收入预期较低且与金融服务普及程度关系较弱，二是农户储蓄资产增加对预算约束效应的缓解使其对金融服务需求下降，三是信心效应在带来财富效应的同时使农村居民弱化了金融需求。

11.1.2 农村居民家庭住宅资产没有明显的财富效应

首先，农村居民家庭住宅没有促进消费的正向财富效应。长期以来，我国广大的农村地区一直实行村民自建房政策，由农村基层政府批给宅基地，由农民自己建设住房，其房屋用于自住，并不允许市场化的自由买卖。既然不可交易，就无法出售获得资本利得,也无法作为抵押品而获得信贷支持而平滑消费。另一方面,农户住宅周边的道路、生活配套设施有限,也难以通过出租获得永久性收入,所以住宅资产正向财富效应便无从发挥。

其次,农村居民家庭住宅也没有挤出消费的负向财富效应。虽然农村居民住房在样式、材料、设施和周边生活环境的便利性等方面与城镇相比还存在较大差距,但是在土地供应和建筑成本方面比城镇居民有很大优势,尤其是宅基地可以无偿获得,大大减轻了农村居民家庭的住房负担。因此尽管农村居民住宅人均面积一直高于城镇居民,但是并未出现由于自建住房造成预算约束而降低消费的挤出效应。总体而论,农村居民住宅对其消费的影响,既无正向效应,也无负向效应。

11.1.3　农村居民家庭生产性固定资产表现出明显的正向财富效应

农村居民家庭生产性固定资产可通过三个途径产生促进消费的正向财富效应,一是生产经营的实际回报,二是降低预防性储蓄动机,三是通过抵押获得信贷支持缓解预算约束。本课题实证结果表明,农村居民家庭生产性固定资产表现出明显的正向财富效应。其中从资产结构上看,第一产业固定资产财富效应明显,第二、三产业固定资产财富效应不明显。从消费结构看,生存型消费的财富效应明显,而发展型消费的财富效应不明显。此外,在与农村居民家庭住宅资产的财富效应的对比中发现,生产性固定资产财富效应远高于住宅资产财富效应。其政策含义是,现阶段受制于相对薄弱的农村社保体系和相对滞后的城镇化进程,农村居民家庭银行储蓄和住宅资产财富效应的发挥,短时间内难以获得较大改观,而生产性固定资产作为农村居民的主要收入来源,它的规模扩大与结构升级,将可明显地提升农民的永久性收入预期和消费信心,促进其财富效应的发挥。因此,本课题认为应当直接对农村居民家庭生产性固定资产投资进行财政与金融支持。

11.1.4　农村居民人力资本表现出微弱的财富效应且强于城镇居民

迄今为止,国内外学者对居民家庭资产财富效应的分析对象都是金融资产和不动产等“身外之物”,对蕴涵于居民自身的人力资本财富效应缺乏研究,现有的人力资本研究,也都侧重于生产角度,分析的是人力资本的投入和国民经济产出之间的关系。本课题从消费的角度,把人力资本作为居民家庭资产的一个重要组成部分,对人力资本财富效应进行研究,在分析了人力资本财富效应发挥机理和影响因素的基础上,运用受教育年限法测量并对比了中国城乡居民人力资本财富效应,发现农村居民人力资本财富效应虽然微弱但统计性质相当显著,而城镇居民虽然人力资本存量高于农村居民,但其财富效应接近于零。然后从知识的适用性和教育成本挤出效应的角度探讨了城乡居民人力资本财富效应差异的原因,发现农村居民通过在校学习掌握的基本的读写、计算技能可以较好地适应其相对较低层次的工作需要,而城镇居民通过在校学习的一般知识不足以应付现代知识经济的要求,导致应付一般工作有余,而能够从事高档、精细和尖端工作,凭借自身的"专业技能"获取丰厚报酬的人员仍然偏少。城镇人力资源市场上主要缺乏的不是"高学历"人才,而是"高技能"人才。我国城镇居民现阶段来自实践环节的、更能适应知识经济时代要求的人力资本积累严重滞后是城镇居民人力资本财富效应难以发挥的重要因素之一。此外,相对于农村居民较为低廉的学习费用和相对粗放的子女教育方式,城镇居民在子女教育上高昂的货币成本和时间成本延误了其自身的来自工作实践的"专业知识"积累,因而影响了他们职业发展和对自身未来的乐观预期,从而抑制了城镇居民家庭人力资本财富效应的发挥。

11.1.5　基于心理账户实验的农村居民财富效应

本课题基于行为生命周期理论,组织了农村居民家庭资产财富效应的心理账户实验,调查对象为在宁工作的农村户籍人员。将调查对象分为高中低三个收入组,通过访谈和问卷数据的统计分析,得出四点结论。

第一是各个收入组内的农村居民现期资产带动消费的财富效应介于现期收入效应和未来收入效应之间。高中低三个收入组,都是现期收入效应最大,现期财富效应次之,未来收入效应最低。这个结论与行为生命周期的假说一致。

第二是三个心理账户中,生存型消费意愿的增加均随收入的增加而递减,发展型消费意愿随收入的递增而递增。实验结论二也与凯恩斯的经典消费函数一致。

第三是在获得普惠金融服务之后,不同收入农村居民的现期资产增加进一步增强了财富效应。实验数据显示,在优惠贷款的支持下,不同收入组农村居民的三个心理账户程度不同地增加了消费。其中低收入组由于现期财富存量起点较低,获得优惠贷款后不足以带来足够的财富增加,因此现期财富增加带来的消费增加最少。中等收入组和高收入组的财富效应在优惠贷款的支持下进一步凸显。

第四是获得普惠金融服务之后,不同收入农村居民三个心理账户的生存型和发展型消费变化各不相同。低收入组三个心理账户的两类消费都略有增加,高收入组主要增加发展型消费,中等收入组在生存和发展型消费方面意愿最强烈,迫切需要普惠金融服务。

11.2　政策建议

以上本课题对中国农村居民家庭银行储蓄存款、住宅资产、生产性固定资产和人力资本分别进行了财富效应的测度,并结合中国国情,从经济、社会,重点基于普惠金融视角对实证结果进行了分析。在此基础上,针对上述四类资产,提出相应的发挥财富效应,促进农村居民消费的政策建议。

11.2.1　巩固农村居民银行储蓄资产财富效应

首先要千方百计促进农民就业。农民通过就业获得工资性收入的周期远远短于从事农、林、牧业获得经营收入的周期,收入稳定性的增加将增强其消费信心,有助于发挥其储蓄资产的财富效应。为此应当加强政府的政策扶持,积极拓宽就业渠道,实现就业信息与农民工之间的无缝对接,完善小额贷款担保,开展创业帮扶活动,以创业带动就业。

其次应当稳步推进农村社会保障体系建设。农村社会保障体系的建设也是提高农村居民银行储蓄资产财富效应的有效途径,只有使农村居民感到未来有保障,才会因安全感的提升而降低预防性储蓄动机,促进其储蓄资产财富效应的发挥。为此需要解决现有农村社保体系中的制度缺失,并对已经建立起来的社保制度逐步增大覆盖面和保障力度。其中包括农村社会最低生活保障制度的继续推广,新型农村合作医疗保障力度的增强以及农村养老保险制度的探索与推进等等。

11.2.2　释放农村居民家庭住宅资产财富效应

提倡农村居民集约化居住,可为其住宅资产财富效应的发挥创造条件。我国农村居民居住的分散性和随意性不利于财富效应的发挥。实现农村居民居住集约化,不仅可以节约土地,还可以提高住房质量,降低水电气与通信网络的建设与管理成本,极大改善公共设施。集约化居住也可增强农户组织化程度,发展乡村文化,便于农户住宅的流转与出租,也便于普惠金融技术的使用和推广,从而促进其住宅资产财富效应的发挥。

11.2.3　提升农村居民家庭生产性固定资产财富效应

受制于相对薄弱的农村社保体系和相对滞后的农村城镇化进程,农村居民家庭银行储蓄和住宅资产财富效应的发挥,短时间内难以获得较大改观,而生产性固定资产作为农村居民的主要收入来源,它的规模扩大与结构升级,将可明显地提升农民的乐观预期和消费信心,促进其消费支出的增加。有鉴于此,本课题认为应当直接对农村居民家庭生产性固定资产投资进行财政与金融支持。

我国政府既往对农业的支持主要着力于农村基础设施建设与农产品收购的价格保护,但前者着眼于长远效应,短期内难以改善农户消费,后者在实践中对农户增收作用有限,"授人以鱼不如授人以渔",现阶段我国农村居民已经具备一定的市场经验与风险意识,其经营行为日趋理性,如果直接对农户生产性固定资产投资进行财政与金融支持,将可使得相对过剩的资金与农村剩余劳动力资源得到更加合理的配置。

对农户生产性固定资产的投资应紧密结合我国农业结构调整的总体战略,侧重集约化与技术含量高的特色农业、水产养殖和畜牧业的投资,同时应根据各地区具体情况,制定差别化的财政与金融政策,引导和激励农户进行固定资产结构升级,对第二、第三产业固定资产进行适销对路的投资,同时应合理规划,统筹布局,实现一定区域内的规模经营,避免农户投资的低水平重复导致的闲置浪费,从而真正强化农户增产增收的自我造血机能,切实改善农户的永久性收入预期,发挥财富效应,增强消费能力,提升消费结构,全面推动我国广大农村地区的小康社会建设。

11.2.4 促进农村居民人力资本财富效应

本课题对比城乡居民人力资本财富效应的研究结果表明,居民所学知识的适用性是影响其人力资本财富效应发挥的重要因素。为使农村居民适应日益复杂的知识经济时代的要求,应大力推进职业技能培训事业,使农村劳动力更多地积累专业技能。专业技能的提升将使农村居民对未来产生永久性收入的乐观预期,从而促进其消费。为加强农村劳动力职业技能培训,政府应做好信息服务与政策扶持,积极为各类学校和企业之间沟通信息,牵线搭桥。促使企业与职业教育机构的合作与交流,采取灵活方式,开展"订单式教育",以社会需要为导向,以行业和企业为主导,突出职业教育自身特点,制定科学合理并紧密联系实际的教学计划,提高办学质量。

本课题基于心理账户实验的研究结果表明,普惠金融服务对各个收入阶层的农村居民家庭在人力资本投资方面都有明显的促进作用,其中低收入组表示会将优惠贷款主要用于自身的职业技能提升,高收入组主要用于子女教育投入,中等收入组介于其间,兼而有之。由于心理账户的自我控制作用,加之金融机构和借款者通过合同明确优惠贷款的教育用途,可帮助农村居民有效积累人力资本,从而使其职业技能和学历水平得到明显提升,更好地适应社会需要,有助于改善农村居民的永久性收入预期,促进人力资本财富效应的发挥。

11.3 后续研究展望

限于各种主客观条件,本研究存在诸多不足,可在后续研究中进一步拓展与延伸。

首先,本课题主要的统计方法仍然是基于生命周期和永久收入假说的计量模型,普惠金融的变量由于使用了因子分析法,仅将因子得分与各地区农村居民家庭银行存款的财富效应做了相关分析,未能发现合适的代表性变量,以便直接将普惠金融变量嵌入统计模型中,需要在今后的研究中研制更先进的计量方法。

其次，由于2010年第六次人口普查以及2012年以后城乡一体化人口数据统计口径的变化，导致2010年我国经济进入"新常态"后的国家统计局人口和国民经济部分数据与此前数据的可比性下降，国内其他研究机构的居民家庭数据库多从2010年以后开始，因此本课题所用面板数据的时间跨度受限，可在今后的研究中继续跟踪农户资产财富效应的最新动态。

第三，本课题组织的基于心理账户实验的财富效应案例分析统计样本规模有限，且仅限于在宁工作的邻近省份农村户籍居民，既未包含全国所有省份，也未包含农村留守人员，实验结论的普适性不足，需要在今后的研究中扩大样本范围。

第四，本课题农村居民家庭生产性固定资产测度结果显示出明显的财富效应，可在今后的研究中与城镇居民家庭进行对比，以进一步深入探讨促进农村居民家庭消费的途径。

主要参考文献

外文部分

[1] Aylward Anthony, Glen Jack. *Some International Evidence on Stock Prices as Leading Indicators of Economic Activity*[J]. Applied Financial Economics, 2002,10(2):1—14.

[2] Beck T, Demirgüc K A, Martinez P. *Reaching Out: Access to and Use of Banking Services across Countries*[J]. Journal of Financial Economics, 2007(85): 234—266.

[3] Carroll Christopher D, Misuzu Otsuka, Jirka Slacalek. *How Large is the Housing Wealth Effect? A New Approach*[DB/OL]. Http://NBER. org/papers/w12746,2010—10—18.

[4] Case K E, Quigley J M, Shiller R J. *Comparing Wealth Effects: the Stock Market versus the Housing Market*[J]. The B. E. Journal of Macroeconomics, 2005 (5):235—243.

[5] Colin Mayer. *New Issue in Corporate Finance*[J]. European Economic Review, 1998(32):116—188.

[6] Corey M. *The Implied Warranty of Habitability, Foreseeability, and Landlord Liability for Third-Party Criminal Acts against Tenants*[J]. UCLA Law Review 2007,54(4):91—95.

[7] Daniel K, David H, Avanidar S. *Investor Psychology and Security Market*[J]. Journal of Finance, 1998,53(6):1839—1885.

[8] David Blake. *Pension Economics*[J]. Journal of Pension Economics and Finance, 2010,9(1):146—148.

[9] David Matsumoto. *The Cambridge Dictionary of Psychology*[Z]. Cambridge: Cambridge University Press, 2009:356.

[10] Demirgüc K A,Klapper L. *Measuring Financial Inclusion:Explaining Variation in Use of Financial Services across and within Countries*[J]. Brookings Papers on Economic Activity,2013. Spring:279—340.

[11] Dynan K E. *How Prudent are Consumers?* [J]. Journal of Political Economy, 1993,101(6):1104—1113.

[12] Edward F Denison. *Education,Economic Growth,and Gaps in Information* [J]. Journal of Political Economy,1962,70:124—128.

[13] Eva Sierminska, Yelena Takhtamanova. *Disentangling the Wealth Effect: Some International Evidence*[J]. FRBSF Economic Letter,2007(2):94—105.

[14] Fisher I. *The Money Illusion*[M]. New YorK:Adelphi Press,1928.

[15] Friedman M. *A Theory of the Consumption Function*[C]. NBER General Series. Princeton:Princeton University Press,1957.

[16] Fungácová Z,Weill L. *Understanding Financial Inclusion in China*[J]. SSRN Electronic Journal,2014(34):196—206.

[17] Godwin C O. *Developing an Index of Financial Inclusion:An Average Ratio Approach*[R]. MPRA Working Paper,2013,49505.

[18] Goran A,Alexander M,André M. *Assessing Countries' Financial Inclusion Standing—A new Composite Index*[R]. IMF Working Paper,2014,14—36.

[19] Guiso L,Jappelli T,Terlizzese D. *Earnings Uncertainty and Precautionary Saving*[J]. Journal of Monetary Economics,1992,30(2):307—337.

[20] Gupte R,Venkataramani B,Gapta D. *Computation of Financial Inclusion Index for India*[J]. Procedia-social and Behavior Science,2012(37):133—149.

[21] Haberler G. *Prosperity and Depression*[M]. Geneva:League of Nations,1939.

[22] Honohan P. *Cross-Country Variation in Household Access to Financial Services*[J]. Journal of Banking and Finance,2008(32):2493~2500.

[23] James H Duesenberry. *Income,Saving and the Theory of Consumer Behavior* [M]. Cambridge:Harvard University Press,1949.

[24] James M Poterba. *Stock Market Wealth and Consumption*[J]. Journal of Economic Perspectives,2000,14(2):99—118.

[25] Janine Aron,John Muellbauer,Anthony Murphy. *Housing Wealth and UK Consumption*[R]. IMF 2006.

[26] John D Benjamin,Peter Chinloy. *Real Estate versus Financial Wealth in Consumption*[J]. Real Estate and Economics,2004,29(3):341—354.

[27] John Y,Campbell J. *How do House Prices Affect Consumption? Evidence*

from MicroData [J]. Monetary Economics,2007,54(3):591—621.

[28] Kahneman D,Tversky A. *Choices,Values,and Frames*[J]. American Psychologist,1984,39(4):341~350.

[29] Karl E Case,John M Quigley,Robert J Shiller. *Wealth Effects Revisited: 1978~2009*[J]. SSRN Electronic Journal,2011(2):101—128.

[30] Kazarosian M. *Precautionary Savings—a Panel Study*[J]. The Review of Economics and Statistics,1997,79(2):241—247.

[31] Kimball M S. *Precautionary Savings in the Small and in the Large*[J]. Econometrica,1990,58(1):53—73.

[32] Leland H E. *Saving and Uncertainty:the Precautionary Demand for Savings* [J]. Quarterly Journal of Economics,1968,82(3):465—473.

[33] Lise Pichette. *Are Wealth Effects Important for Canada?* [J]. Bank of Canada Review,2004 Spring:29—35.

[34] Lucas R E. *On the Mechanics of Economic Development*[J]. Journal of Monetary Economics,1988,22(1):3—42.

[35] Ludvigson S,Steindel C. *How Important is the Stock Market Effect on Consumption?* [J]. Economic Policy Review,1999,24(6):29—52.

[36] Martha Starr-McCluer. *The Stock Market Wealth and Consumer Spending* [J]. Economic Inquiry,2002(1):40—49.

[37] Mehra R,Prescott E. *The Equity Premium:a Puzzle*[J]. Journal of Monetary Ecnomics,1985(15):145—161.

[38] Michael Niemira. *Does Stock Market Really Motive Consumers to Spend?* [J]. Chain Store Age,1997(4):20—21.

[39] Modigliani F,Brumberg R. *Utility Analysis and the Consumption Function: an Interpretation of Cross-Section Data*[C]. In Post Keynesian Economics. New Jersey:Rutgers University Press,1954.

[40] Modigliani F,Cohn R. *Inflation,Rational Valuation and the Market*[J]. Financial Analysts Journal,1979,37(3):24—44.

[41] Modigliani F,Tarantelli E. *The Consumption Function in the Developing Economy and the Italian Experience*[J]. American Economic Review,1975,65 (5):825—842.

[42] National Low Income Housing Coalition. *2008 Advocates'Guide to Housing & Community Development Policy*[R/OL]. Http://www. nlihc. org/doc/ AdvocacyGuide2008—web. pdf,2011—8—30.

[43] Patinkin D. *Money*, *Interest and Prices* [M]. Evanston: Row, Peterson & Co., 1956.

[44] Pigou A C. *The Classical Stationary State* [J]. Economic Journal, 1943, 53 (12): 343—351.

[45] Rahi R. *Asset Pricing under Asymmetric Information: Bubbles, Crashes, Technical Analysis, and Herding* [J]. Economic Journal, 2001, 112 (483): 571—572.

[46] Raphael Bostic, Stuart Gabriel, Gary Painter. *Housing Wealth, Financial Wealth, and Consumption: New Evidence from Micro Data* [J]. Regional Science and Urban Economics, 2005, 39 (1): 79—89.

[47] Richard Harries. *Stock Market and Development: A Reassessment* [J]. European Economic Review, 1997 (41): 139—146.

[48] Romer Christina D. *The Great Crash and the Onset of the Great Depression* [J]. The Quarterly Journal of Economics, 1990, 105 (3): 597—624.

[49] Romer P M. *Increasing Returns and Long-run Growth* [J]. Journal of Political Economy, 1986, 94 (5): 1002—1037.

[50] Sarma M. *Index of Financial Inclusion* [R]. ICIER Working Paper, 2008, 215.

[51] Shafir E, Diamond P, Tversky A. *Money Illusion* [J]. Quarterly Journal of Economics, 1997, 112 (2): 341—374.

[52] Sibley D S. *Permanent and Transitory Income Effects in a Model of Optional Consumption with Wage Income Uncertainty* [J]. Journal of Economics Theory, 1975, 25 (11): 68—82.

[53] Steindel C. *Personal Consumption, Property Income, and Corporate Saving* [D]. Ph. D. Dissertation. Massachusetts: MIT, 1977.

[54] Thaler R. *Towards a Positive Theory of Consumer Choice* [J]. Journal of Economic Behavior and Organization, 1980, (1): 39~60.

[55] Thaler R. *Mental Accounting and Consumer Choice* [J]. Marketing Science, 1985, 4 (3): 199~214.

[56] Theil H. *Economics and Information Theory* [M]. Amsterdam: North-Holland Press, 1967: 488.

[57] Tuomas A, et al. *Wealth Effects in Emerging Market Economies* [J]. International Review of Economics & Finance, 2012 (10): 155—166.

[58] Tversky A, Kahneman D. *The Framing of Decisions and the Psychology of Choice* [J]. Science, 1981, (211): 453—458.

[59] Wilson B K. *The Strength of the Precautionary Saving Motive when Prudence is Heterogeneous*[C]. Enrolled Paper of 37th Annual Meeting of Canadian Economics Association,2003.

[60] Zandi Mark R. *Wealth Worries*[J]. Regional Financial Review,1999(8):1—8.

中文部分

[1] 曹大宇.中国股票市场财富效应的再检验[J].华东经济管理,2006(4):145—147.

[2] 陈峰,姚潇颖,李鲲鹏.中国中高收入家庭的住房财富效应及其结构性差异[J].世界经济,2013(9):139—159.

[3] 陈钊,陈杰,刘晓峰.安得广厦千万间:中国城镇住房体制市场化改革的回顾与展望[J].世界经济文汇,2008(1):43—54.

[4] 戴维·罗默著;王根蓓译.高级宏观经济学[M].上海:上海财经大学出版社,2003:290—291.

[5] 杜朝运,李滨.基于省际数据的我国普惠金融发展测度[J].区域金融研究,2015(3):4—8.

[6] 杜江,刘渝.农业经济增长因素分析:物质资本,人力资本,还是对外贸易?[J].南开经济研究,2010(3):73—89.

[7] 段钢.人力资本理论研究综述[J].中国人才,2003(5):26—30.

[8] 段进,曾令华,朱静平.我国股市财富效应对消费影响的协整分析[J].消费经济,2005(2):86—88.

[9] 法文宗.农村信贷担保的现状及完善对策——山东省青州市东夏镇农村信贷调查[J].林业经济,2010(7):59—63.

[10] 樊纲,姚枝仲.中国财产性生产要素总量与结构的分析[J].经济研究,2002(11):12—19.

[11] 樊潇彦,邱茵茵,袁志刚.上海居民消费的财富效应研究[J].复旦学报(社会科学版),2009,(05):93—99.

[12] 樊颖,张晓营,杨赞.中国城镇老年消费特征及财富效应的微观实证研究[J].消费经济,2015(6):39—42.

[13] 高春亮,周晓燕.34个城市的住宅财富效应:基于panel data的实证研究[J].南开经济研究,2007(1):36—44.

[14] 郭峰,冉茂盛,胡媛媛.中国股市财富效应的协整分析与误差修正模型[J].金融与经济,2005(2):29—31.

[15] 郭宏宇,吕风勇.我国国债的财富效应探析[J].财贸研究,2006(1):53—58.

[16] 国家统计局城调总队课题组.城市居民家庭金融资产构成及分布问题研究[J].
经济研究参考,1997,72(3):30—37.

[17] 洪凯,温思美.农户金融资产:增长、结构变迁与形成机理[J].华南农业大学学
报,2008(3):27—33.

[18] 洪涛.房地产价格波动与消费增长[J].南京社会科学,2006(5):54—58.

[19] 胡永刚.股票财富、信号传递与中国城镇居民消费[J].经济研究,2012(3)
115—126.

[20] 加里·S·贝克尔著;梁小民译.人力资本[M].北京:北京大学出版社,1987.

[21] 江晓东.投资者过度自信理论与实证研究综述[J].外国经济与管理,2005,27
(9):59—64.

[22] 李明扬,唐建伟.西方发达国家资产价格波动的财富效应及其传导机制[J].湘
潭大学学报,2007(3):91—95.

[23] 李启铭,蔡园.住宅保障化与市场化机制相关关系研究[J].现代城市研究,2009
(12):17—20.

[24] 李实,魏众,丁赛.中国居民财产分布不均等及其原因的经验分析[J].经济研
究,2005(6):4—15.

[25] 李实,罗楚亮.中国城镇居民住房条件的不均等与住房贫困研究[DB/OL].ht-
tp://www. unirule. org. cn/SecondWeb/Article. asp? ArticleID = 2191,
2007—06—11.

[26] 李涛,陈斌开.家庭固定资产、财富效应与居民消费:来自中国城镇家庭的经验
证据[J].经济研究,2014(3):62—75.

[27] 李学峰,徐辉.中国股票市场财富效应微弱研究[J].南开经济研究,2003(3):
67—71.

[28] 李锡元,王小啊.人力资本价值计量文献综述[J].财会通讯,2008(8):56—59.

[29] 李玉山,李晓嘉.对我国居民消费的财富效应计量分析[J].山西财经大学学报,
2006(2):39—43.

[30] 李钊,王舒健.金融聚集理论与中国区域金融发展差异的聚类分析[J].金融理
论与实践,2009(2):40—44.

[31] 连建辉.城镇居民资产选择与国民经济成长[J].当代经济研究,1998(2):
67—72.

[32] 柳德荣.美国住房税收政策及其效应分析[J].科学经济社会,2010(2):34—37.

[33] 刘鸽.我国股票市场财富效应实证研究[J].金融经济,2006(6):53—54.

[34] 刘慧,王聪.我国城镇居民股票资产财富效应影响因素分析[J].金融与经济,
2015(1):75—79.

［35］ 刘建昌.个人消费信贷是否可持续［N］.经济观察报,2004—11—1(6).

［36］ 刘建江.从美国经验看中国股市财富效应的制约因素［J］.湖南社会科学,2002
　　　(1):73—77.

［37］ 刘林川.资产价格财富效应的传导机制及实证研究［J］.经济问题探索,2013
　　　(12):100—106.

［38］ 刘明,刘震,郭峰.山东省普惠金融发展现状及影响因素分析——基于普惠金融
　　　发展指数的实证研究［J］.金融发展研究,2014(12):54—59.

［39］ 龙志和,周浩明.中国城镇居民预防性储蓄实证研究［J］.经济研究,2000(11):
　　　33—38.

［40］ 卢嘉瑞,朱亚杰.股市财富效应及其传导机制［J］.经济评论,2006(6):36—44.

［41］ 陆勇.住房价格与消费支出关系研究——香港房地产财富效应实证检验［J］.审
　　　计与经济研究,2007(7):98—102.

［42］ 骆祚炎.近年来中国股市财富效应的实证分析［J］.当代财经,2004(7):10—13.

［43］ 骆祚炎.基于流动性的城镇居民住房资产财富效应分析［J］.当代经济科学,
　　　2007(4):51—56.

［44］ 骆祚炎.金融资产与住房资产财富效应的比较检验:以广东省为例［J］.南方金
　　　融,2007(6):8—11.

［45］ 骆祚炎.农村居民家庭财产及其财富效应的实证检验［J］.福建论坛(人文科学
　　　版),2007(6):30—34.

［46］ 吕立新,王晶晶.股票市场的财富效应与托宾 Q 效应［J］.金融市场研究,2015
　　　(6):64—72.

［47］ 马辉,陈守东.中国股市对居民消费行为影响的实证分析［J］.消费经济,2006
　　　(4):71—74.

［48］ 马歇尔著;朱志泰译.经济学原理［M］.北京:商务印书馆,1964:234.

［49］ 欧阳文和,张璇.中美房地产发展路径比较研究［J］.河北经贸大学学报,2011
　　　(1):66—71.

［50］ 钱水土,陆会.农村非正规金融的发展与农户融资行为研究——基于温州农村
　　　地区的调查分析［J］.金融研究,2008(10):174—186.

［51］ 全国工商联研究室.我国房价何以居高不下［R/OL］.http://www.acfic.org.
　　　cn/publicfiles/business/htmlfiles/qggsl/yjs _ bhta/200910/15652. html, 2011—
　　　8—30.

［52］ 石弘.中国房地产价格的财富效应分析［J］.北方经济,2007(13):38—40.

［53］ 施建淮,朱海婷.中国城市居民预防性储蓄及预防性储蓄动机:1999—2003［J］.
　　　经济研究,2004(10):66—74.

[54] 宋军,吴冲锋.金融市场中羊群行为的成因及控制对策研究[J].财经理论与实践,2001(6):46—48.

[55] 宋军,吴冲锋.基于分散度的金融市场的羊群行为研究[J].经济研究,2001(11):21—27.

[56] 宋威.中国股市财富效应的非对称性[J].求索,2006(2):21—23.

[57] 苏宝通.浅谈房地产财富效应及其传导机制[J].科技与创新,2014(4):116—117.

[58] 孙嚣,李凌云.我国农村金融服务覆盖面状况分析——基于层次分析法的经验研究[J].经济问题探索,2011(4):131—137.

[59] 孙元欣.美国家庭资产结构和变动趋势(1980—2003)[J].上海经济研究,2005(11):136—140.

[60] 孙元欣.美国家庭资产统计方法和分析[J].统计研究,2006(2):45—49.

[61] 孙元欣.我国居民家庭资产统计框架构想[J].统计与决策,2007(6):9—11.

[62] 谭永生.教育所形成的人力资本的计量及其对中国经济增长贡献的实证研究[J].教育与经济,2006(1):33—36.

[63] 王德劲.我国人力资本测算及其应用研究[D].成都:西南财经大学统计学系,2004.

[64] 王婧,胡国晖.中国普惠金融的发展评价及影响因素分析[J].金融论坛,2013(6):31—36.

[65] 王轶君,赵宇.房地产价格的财富效应研究——基于中国 1996—2010 年的经验证据[J].经济问题,2011(05):41—43.

[66] 王子龙,许箫迪.城镇居民住房资产财富效应研究[J].广义虚拟经济研究,2015(6):71—79.

[67] 魏锋.中国股票市场和房地产市场的财富效应[J].重庆大学学报(自然科学版),2007(2):153—157.

[68] 邬丽萍.房地产价格上涨的财富效应分析[J].求索,2006(1):27—29.

[69] 西奥多·W·舒尔茨著;吴珠华等译.论人力资本投资[M].北京:北京经济学院出版社,1990.

[70] 谢明华,叶志钧.我国股市财富效应的影响因素分析[J].技术经济与管理研究,2005(5):39.

[71] 亚当·斯密著;杨敬年译.国民财富的性质和原因的研究[M].西安:陕西人民出版社,2001:266.

[72] 颜色."房奴效应"还是"财富效应"?[J].管理世界,2013(3):34—46.

[73] 杨赞,张欢,陈杰.再购房潜在动机如何影响住房的财富效应?——基于城镇住

户大样本调查数据的微观层面分析[J].财经研究,2014(7):54—64.

[74] 姚树洁,戴颖杰.房地产资产财富效应的区域效应与时序差异:基于动态面板模型的估计[J].当代经济科学,2012(11):88—97.

[75] 易行健,王俊海,易君健.预防性储蓄动机强度的时序变化与地区差异[J].经济研究,2008(2):119—130.

[76] 余明桂,夏新平,汪宜霞.我国股票市场的财富效应和投资效应的实证研究[J].武汉金融,2003,47(11):21—24.

[77] 于蓉.我国家庭金融资产选择行为研究[D].广州:暨南大学金融系,2006年.

[78] 约翰·梅纳德·凯恩斯著;高鸿业译.就业、利息和货币通论[M].北京:商务印书馆,1998:112—118,159—60.

[79] 约翰·穆勒著;赵荣潜等译.政治经济学原理[M].北京:商务印书馆,1991:54—59.

[80] 约瑟夫·E·斯蒂格利茨著;姚开建等译,高鸿业等校.经济学[M].北京:中国人民大学出版社,2000:217.

[81] 约瑟夫·E·斯蒂格利茨著;黄险峰,张帆译,谭崇台校.经济学[M].北京:中国人民大学出版社,2005:575—580.

[82] 雅各布·明赛尔著;张凤林译.人力资本研究[M].北京:中国经济出版社,2001.

[83] 杨新松.基于VAR模型的中国股市财富效应实证研究[J].上海立信会计学院学报,2006(3):40—44.

[84] 臧旭恒.居民资产与消费选择行为分析[M].上海:三联书店,2002.

[85] 张存涛.中国房地产价格的财富效应分析[J].价格理论与实践,2006(11):48—49.

[86] 张海云.我国家庭金融资产选择行为及财富分配效应[M].北京:中国金融出版社,2012.

[87] 张世伟,郝东阳.家庭资产与城镇居民消费行为实证研究[J].求索,2011(07):5—7.

[88] 赵春萍.2005年居民金融资产分析[J].中国金融,2007(8):52—54.

[89] 赵人伟.我国居民收入分配和财产分布问题分析[J].当代财经,2007(7):5—11.

[90] 赵晓力,马辉,陈守东.股价、房价对消费行为的影响[J].广州大学学报(社会科学版),2007(3):48—53.

[91] 周珺.美国住房租赁法的转型及其对我国的启示[J].河北法学,2011(4):165—171.

［92］祝丹,赵昕东.人口年龄结构变动会影响住房财富效应吗? ［J］.消费经济,2015
　　　(12):16—22.

［93］朱文晖.股票市场与财富效应［D］.上海:复旦大学世界经济系,2004:1.

［94］朱新玲,黎鹏.我国房地产市场财富效应的实证分析［J］.武汉科技大学学报(社
　　　会科学版),2006(2):16—18.

［95］邹红,喻开志.我国城镇居民家庭的金融资产选择特征分析——基于 6 个城市
　　　家庭的调查数据［J］.工业技术经济,2009(5):9—11.